NF文庫
ノンフィクション

日本海軍潜水艦 百物語

ホランド型から潜高小型まで水中兵器アンソロジー

勝目純也

潮書房光人新社

日本海海水準曲線

ウルム氷期以降における海水準変化について

山村日出

日本海軍潜水艦百物語――目次

黎明期篇

太平洋戦争篇

運用篇

雑学篇

機材篇

日本海軍潜水艦　百物語

——ホランド型から潜高小型まで水中兵器アンソロジー

黎明期篇

海上自衛隊、「そうりゅう」型・一一番艦「おうりゅう」進水式／「そうりゅう」型・「けんりゅう」

水上航行中のホランド型／ホランド型・一号艇／ホランド型・二号艇

ホランド型・三号艇／ホランド型・四号艇／ホランド型・五号艇／ホランド型・六号艇

明治三十八年の観艦式のホランド型・三号艇／遭難事故直後のホランド型・六号艇／C一型・波一潜

C二型・波三潜／C三型・波七潜／F一型・呂二潜

F二型・呂五潜／L一型・呂五一潜／L二型・呂五四潜

L三型・呂五七潜／戦利艦・〇一潜／戦利艦・〇七潜

戦利艦・〇六潜／海中一型・呂一一潜／海中二型・呂一五潜

1　日本海軍も海上自衛隊も米国の潜水艦から始まった

平成二十七年（二〇一五年）に海上自衛隊潜水艦部隊で式典が実施された。日本国潜水艦運用一〇〇年、海上自衛隊潜水艦部隊創設六〇周年を迎えたからである。これはわが国が明治三十八年（一九〇五年）に日露戦争の最中、米国から潜水艇五隻を導入し、潜水艦を運用して終戦まで四〇年。太平洋戦争敗戦によるブランク一〇年を除き、海上自衛隊がやはり米国から貸与を受けて潜水艦を運用して同年で六〇年、あわせて一〇〇年を意味するものである。期せずしてわが国における潜水艦の歴史は日本海軍も海上自衛隊も共に米国製の潜水艦からスタートしたのである。

日本海軍の士官が初めて潜水艇を見たのはいつの頃であろうか。一説には今日までわが国と固い友情で結ばれているトルコとの交流にそのルーツはあるという。明治二十三年、かの有名なトルコ軍艦「エルトグルル」号が和歌山県南端大島樫野崎灯台沖において遭難し、その生存者六九名を送還のため、少尉候補生の実地練習航海をかね「比叡」「金剛」をトルコに派遣することになった。この練習航海の最中、トルコ・イスタンブールにおいて二隻の潜水艇が存在するのを確認した。

これが歴史上、日本の軍人が初めて見た潜水艇だといわれている。この潜水艇は明治十九年に完成したノルデンフェルト艇で英国のノルデンフェルト工場で建造された排水量六〇トン、速力一〇ノット、潜航深度約三メートルの小さな潜水艇である。動力はなんと蒸気機関だった。

その後、明治三十一年になって米国のクランプ社で建造中であった巡洋艦「笠置」の回航員を命ぜられた海軍士官の中に佐々木高志海軍中尉なる人物がいた。佐々木は海軍兵学校一九期、東京の出身で没年は不明であるが、中佐で海軍を終えた。彼はフィラデルフィア滞在中に新聞で潜水艇ホランド艇の試運転の記事を読み、ホランド水雷艇会社に連絡をして許可をもらい、ニューヨーク港で水上航走及び潜航の体験搭乗に成功した。

設計者のホランド氏は日本海軍の正式な命により潜水艇を見学したと思ったようであるが、佐々木はあくまで個人の資格で体験搭乗に参加したのである。よって正式な報告というものは残っていない。

日本海軍の正式な潜水艇購入の検討は、明治三十二年に後の日本潜水艦の父ともいわれた井出謙二海軍大尉（後に海軍大将）の米国留学時に行なわれた。井出は渡米したものの、米海軍は冷淡で井出を軍艦に乗せることも、海軍大学に入学することも許可しなかった。その間、井出は少しでも当時の海軍に必要な情報収集に努めていたが、潜水艇というものが未来の兵器として注目を集めていることに感心をもち、ホランド水雷艇を見学したいと先のホランド水雷艇会社を訪ねたのである。

しかし会社は購入するという約束がないと見学はできないと見学を拒否した。一度も商品を見せずに検討を迫るなど、いかにも無茶な要求であったため、どうすることもできず失意にあったが、米海軍の士官でキンブルという親切な人物が会社に紹介をしてくれて、なんとかホランド艇に乗り組むことができた。

その後、井出少佐は翌明治三十三年に、外国駐在員報告として正式に「ホランド型潜航水雷艇に関する報告」を海軍省に提出し、明治三十四年に海軍省からの回答として「潜航艇注文に際し、その条件を調査せよ」と命ぜられた。ホランド社は五隻以上ではなければ発注を受けないと、再び高飛車に出てきたが、井出少佐の粘り強い交渉で四隻にて注文を応じる旨を受諾させた。しかし、海軍拡張案において予算計上したものの、潜水艇採用の機運に達せず、と議決されず、井出の努力は報われることはなく明治三十五年に帰国をしている。

もう一人の潜水艦の父と言われる軍人がいる。小栗孝三郎海軍少佐（後に海軍大将）である。小栗は明治三十六年に日英同盟のもと、初めて英国海軍大学に入学を果たした。同盟の好もあり米国の井出と異なり、英海軍はいろいろと協力的であったとされるが、大学側から潜水艇の講義については遠慮して欲しいと申し出があった。遠慮して欲しいと言われれば、余計に関心が高くなるのが人情である。

このことから小栗は潜水艇に興味を持つようになり自力で研究・調査した結果、日本海軍も将来潜水艇が必要になる時が来ると、少なくとも研究だけはすべきと海軍省に意見書を提出した。しかし後に大将になるほどの人物の先見性をもってしても、海軍省において潜水艇を真剣に検討・購入するには至らなかったのであるが、その逡巡をくつがえす大きな事件が起きる。

日本は明治三十七年二月十日、ロシアに対して宣戦布告。日露戦争が勃発するのである。戦局は開戦より陸海軍ともに連戦連勝を果たし、まさしく軍も国民もその意気、まさに天を衝く状況にあった。

ところが日本海軍を悪夢が襲うのである。同年五月十五日、旅順港外で老鉄山の南東沖一〇マイル付近において、ロシア旅順艦隊を警戒中の戦艦「初瀬」と「八島」が突然、ロシアの敷設した機雷に触雷し二隻とも沈没してしまったのである。

これは当時の日本海軍にとって痛恨の極みである。というのも、それでなくてもロシアの主力艦に比べ少ない戦力にもかかわらず、戦艦六隻のうち二隻を戦わずして失うことは大損害といってよかった。

あわせて、その前後一週間に軽巡「吉野」、通報艦「宮古」、砲艦「大島」「赤城」、駆逐艦「暁」、水雷艇「四八号」を触雷や衝突で損傷する事故が相次いだのである。これを受けて日本海軍は、いわば非常事態と認識し、急遽「艦艇緊急補充計画」の立案・実施に動いたのである。

このときの臨時補充として白羽の矢が立ったのが、先の購入交渉までこぎつけたホランド潜水艇なのである。予算は臨時軍事費で賄われ、当時の費用では五艇で二三三万円とある。これは当時の物価指数から現在の貨幣価値に勘算すると、約八〇億円と推定される。時代は異なれども同様の計算で伊号潜水艦が二〇〇億円。現在の海上自衛隊の潜水艦が約六〇〇億円であるから、リーズナブルな価格に受け取られそうになるが、当時の国家予算に対する比率を見てみると、日露戦争時には国家財政に占める軍事費が約八二パーセントという特異な時期で、潜水艇の建造費を計上したときの国家予算全体の約一パーセントにもあたるような凄い金額となる。ざっくり言えば比率的には自衛隊全体の予算で潜水艇を五艇購入したようなものである。

明治三十七年六月に三分の一の前払い金を支払い、ついに潜水艇を購入するに至るが、当時の米国の汽船会社はロシアと交戦中の日本物資の輸送を拒否したため、仕方なくシアトル発の日本郵船の「神奈川丸」で運ばざるを得なかった。九月十五日、米国のクインシィという町で組み立てが開始された。英国から小栗中佐も到着し、十月五日に契約どおり五艇の組み立て発送が無事終了したのである。

しかし、発送を急がせたため、諸材料並びに組み立て工事がともに粗雑をまぬかれず、後に日本で再組み立ての際に様々な不具合を起こさせることになる。いずれにしても十二月五日には五隻の潜水艇の積み込みを終え、艤装に従事するホランド水雷会社の派遣職員と工員七名を同乗させ、日本に向けてシアトルを出港した。

結局シアトルまでの鉄道郵送に時間を費やし、約一ヵ月のロスタイムを経て同年十一月二十二日に横須賀に到着。早速組み立て工事が開始されたのである。それと同時に潜水艇の機構や操縦方法の訓練が並行して行なわれ、明治三十八年七月三十一日ついに第一号艇が完成、翌日に第一潜水艇隊に定員が配置されたのである。しかし潜水艇にとって残念なことにその九日後の八月十日、日露講和会議がポーツマスで開催され、九月五日に日露講和条約が調印されたのである。ホランド艇が全艇完成したのは、その一ヵ月後の十月一日で、その日をもって第一潜水艇隊が編成された。いわゆるこれが日本における潜水艦部隊の発祥の記念すべき日となったが、日露戦争終結の一ヵ月後だったのである。

それから年月は流れ、日本海軍の潜水艦の歴史は第二次世界大戦終結とともに幕を閉じた。ちょうど四〇年の歴史だった。

この四〇年間に大小あわせて二四一隻の潜水艦を保有し、太平洋戦争では一五四隻の潜水艦が出撃を果たした。しかし、激烈な潜水艦戦を戦いぬいた伊号呂号潜水艦はなんと一二七隻もの潜水艦が再び還ることなく海底に沈み、一万有余の英霊が今も海深く眠っている。残存した潜水艦も米海軍の手で一隻も残らず処分させられたため、戦後はまったく一隻も潜水艦を保有することはなく海上自衛隊は発足したのである。

戦後スタートした海上自衛隊の主用任務は掃海と対潜だった。その対潜戦では米国から護衛艦の貸与を受け、連合国が使用した対潜兵器を主に対潜訓練を実施していたが、やはり訓練には相手となる本物の潜水艦が必要である。海上自衛隊はそのつど、米海軍に訓練用の潜水艦、いわゆるターゲットサービスの潜水艦を派遣してもらっていた。

ところが朝鮮戦争が勃発し、米海軍から潜水艦を訓練に派遣してもらうことがなかなか困難な状況に陥ったのである。そこで日本側から、昭和三十年日米艦艇貸与協定にもとづき、艦艇追加として潜水艦二隻の貸与を申し出たのである。結果的には一隻の貸与しか認められなかったが、同年六月には海上幕僚長に「訓練及び引き渡し計画について」の回答があり、急速に潜水艦を保有する準備がスタートしたのである。

受け入れ側の海上自衛隊としては約一〇年のブランクがあるとはいえ、隊員の中に日本海軍潜水艦出身者多数、幹部、曹士ともに在隊していた。幹部は辞令で曹士は志願により初代の潜水艦乗員を編成したところ、十月に訓練派遣隊が編成された。派遣隊員は幹部が一〇名、曹士七二名で、そのうち幹部は全員、曹士は三分の二が日本海軍の潜水艦乗りだった。

約半年間にわたり、米海軍の潜水学校で教育訓練を受けたが、他国からの留学生と比較しても日本の派遣隊員たちの術科レベルは米海軍の教官連中を驚かせた。とくに曹士に至っては、英語が苦手なのに、なぜ術科が見事にこなせるのか驚嘆したという。

優秀な元海軍潜水艦乗りが受け取った貸与潜水艦は大戦中に日本海軍を苦しめたガトー級潜水艦であった。その中の「ミンゴ」という艦名の潜水艦で、昭和三十年八月十五日、終戦記念日の日に「ミンゴ」を受領、「くろしお」と命名された。

九月上旬までさらに慣熟訓練が行なわれ、いよいよ日本に回航する際、その壮行を祝う日米のレセプションで米潜水艦隊司令官の初代「くろしお」艦長である森永正彦一佐に「日本に向かう間、潜航訓練は行なうのか」という質問に対し、森永艦長は「もちろん日施潜航訓練を行なう」と答えた。つまり毎日潜航訓練は実施するという意味である。これに対し司令官は「さすが日本海軍である」と答えたという。

十月五日「くろしお」はハワイに入港。在留邦人の熱烈な歓迎を受け、ついに十月二十四日に横須賀に入港を果たした。ここに今日まで最新の「おうりゅう」まで、五七隻を保有してきた海上自衛隊潜水艦部隊がスタートしたのである。

2 ハツカネズミをセンサーに

明治三十八年十月二十三日、横浜沖で連合艦隊の凱旋観艦式が行なわれた。この凱旋観艦式にホランド型潜水艇は初参加をし、天覧に供し、初めて国民の前にその姿を現わした。観艦式には五艇のうち、一号艇から三号艇まで参加した説と五艇全艇参加した説とがある。いずれにせよ、その三号艇に少尉として乗り組んでいた重岡信治郎（兵三〇期、潜水艦一筋で後に潜水学校校長、第二潜水戦隊司令官、中将）の回想録がある。

これには当日の観艦式の艇内の様子が描かれているが、当時の潜水艇の性能を良く知ることができる貴重な懐古談である。三艇は観艦式場に碇泊中の艦列間を潜航通過して天覧に供するのであった。重岡少尉の乗る三号艇は、ツリム（潜水艦の釣り合いのこと。潜水艦にとってツリムが良好とは、浮力と重量が一致し前後左右の釣り合いが良好であることをいう）調整を終えて艦列に進み始めると、機関室から機関長が「艦長、ちょっと止めてください。電動機から火花が出ています」と叫ぶ。艇長は「困ったなぁ」と独り言を言いながら潜水艇を停止、間もなく直って再び進行を始めた。原因は小さな金属屑が挟まっていたそうである。一安心した艇長は「潜航」を命ずる。

ところがなかなか艇は潜らない。原因は横舵手が不慣れで、自信がないから大事な潜航であるので慎重になり過ぎて舵を少ししか操らないからである。艇長はいささかいらだち「潜らんじゃないか。早く潜れ」と言われ、舵手はあわてて今度は大きく操作する。すると艇はぐんぐんと潜入し、潜望鏡まで水中に没してしまうので、艇長は「深いぞ、深いぞ、潜望鏡が見えんじゃないか」と怒号に至る。この辺りの海底は浅いから、余り深く潜航しないようにと申し合わせがあったので、今度は舵手は急いで上舵をとったので艇は「ボカン」と浮きあがる。

結局、浮き上がった舵手は、大きな下げ舵を取ると、また艇は深く潜り込む動作を繰り返した。いわゆるドルフィン運動のことで、潜水艦の操艦において意図した動作でなければ、じつに恥ずべき運動である。しかしなんとか観艦式の天覧潜航は無事事故なく終わったのである。

この潜航によって艇長はすっかり消沈し、乗員も如何とも下し様がなく唯、艇長の言動を見つめ気を悩み、命が縮まる思いであったという。ところが翌日の新聞を見て驚いた。「さすがは新鋭有力な潜水艦の運動は実に勇壮なもので恰も大鯨が海中を遊泳するが如く、出没自由自在その見事な潜航振りには唯々感歎の外はない」と大きな活字で書かれていた。

ホランド艇、すなわち第一潜水艇は、船型を見ると今日の涙滴型に類似した水中抵抗を考慮した初期の設計としては画期的な船型である。しかし、浮上潜航するための潜舵が装備されていないことは、大きな欠点であった。司令塔内には潜望鏡、羅津（針）儀、縦舵輪、主機械室との通信装置等があった。艇長は潜航中、羅津儀を見つつ操舵し、ときどき潜望鏡を見なくてはならないが、その潜望鏡は正面を向いている時は良いが、横に向くと映像は九〇度回転し、後ろに向くと上下逆の映像となり、じつに不便な代物であった。

当然、狭い艇内にはトイレや食事をつくる場所などなく、長期間の行動であれば簡易トイレを仮設し、水と食料は弁当のようなものを持参したのである。その中で驚くのは軍需部より「ハツカネズミ」を消耗品として支給され、出動時に二匹を小さな籠に入れて艇内の見え易い場所に持ち込み、潜航中はときどきネズミの動作に注意を払い、少しでも動作が緩慢になると潜航を中止していたという。

つまり当時の潜水艇はガソリン機関であり、万が一ガソリンが気化して艇内に悪ガスとして漏れていた場合や炭酸ガスが漏れた場合、人間よりネズミの方が体が小さい分、抵抗力が弱いから、センサーとして活用したのである。しかしその後一年ほどしてこの方法は廃止された。理由は「ネズミ」の世話が大変なのと、悪臭を放つからだそうである。当時の潜水艇乗員の多くは、旅順閉塞隊出身者が多く含まれていた。旅順決死隊の勇者がネズミの世話に翻弄され、悪臭に閉口する様はユーモラスに感じる。

こんな極めて危険で不便な潜水艇であったが、志願者は多かった。例えば下士卒は、志願者であること。品行善良の者であること。身体強壮の者であることとし、酒・煙草を飲まざる者ともあった。これは酒や煙草を好む人間が潜水艦に乗る資格がないと言っているのではない。「喫煙しても飲酒してもいい、しかし煙草を飲み、酒を飲みたい気持ちをグッと抑えられないようなものは潜水艇に乗る資格はない。潜水艇に乗るものはこうした欲望を抑える意志の強固なものでなければならない」とある。

海上自衛隊の潜水艦乗りも、結果的には以上の条件に極めて近い人材が潜水艦教育訓練隊に集まってきている。AIP（非大気依存推進）エンジンを搭載している最新型の「そうりゅう」型では液体酸素を搭載していることもあり、シュノーケル航走時も含めて全艦禁煙である。しかしながら、潜水艦乗りの喫煙率はあまり落ちないそうで、長期行動中でもまったく喫煙を欲することなく坦々と任務をこなし、上陸すると晴れて煙草に火をつける。毎日好きなだけ吸えるより、さぞかし美味い煙草の味であろう。

こんなエピソードがある。ある時、海軍の報道部長が潜水艦の苦しい生活の話をした。それを聞いた聴講者の一人が「かく潜水艦の苦しい話をされるのは海軍にとって不利ではないか。国民がそういうことを知れば、誰も潜水艦乗りを志望するものがなくなりはせぬか」と問いた。それに対して報道部長はこう答えた。「かかる話を聞いて来ないような人は来てもらいたくない。私がこれほど実情を訴えてなお且つ、そういうところに行こうという人だけ来てもらえばよい。意志の薄弱な人だったらいくら来ても役に立たない。そういう人は一人も来てもらいたくない」と答えた。

「このような状況において育った潜水部隊には独特の「潜水艦気質」というものが育っていった。潜水艦の任務は誠に地味で、苦労の多いものである。これほど人眼に立たない仕事もない。隠密性というものが潜水艦の生命であるが、この忍術のような戦士が一発の魚雷を放つまでにはどれだけの忍耐と犠牲が必要か計り知れなかった。潜水艦の艇長ほど、責任の重さを感ずるものはない。

もちろん艇長一人が苦労する訳ではない。全員が緊張していなければ、舵手や排注水等のほんの少しの不注意で致命的な事故を招くので、全員の呼吸がピタリと合っていなければならないのである。その代わり潜水艦くらい、家族的気分の艦はない。全員が一蓮托生の運命にあり、士官も下士官兵も同じ食事を食べる。上級の兵が下級の兵を制裁するなど暇もなければ場所もなかった。

前述の重岡氏の回顧録にはこのように記載されている。「例えば人生の日陰で、長い間人の知らない苦行と苦闘を続けた一団の人々があるとすれば、そこに産まれる団結と親和は、潜水艦員のそれに近いのではあるまいか」。

多くの日本海軍の潜水艦乗員に「何故潜水艦乗りを志願したのか」を訪ねると、ほぼ同じ回答が返ってくる。それは「家族的であるから」「堅苦しいのは嫌いだから」とある。これは今日の海上自衛隊の潜水艦にも共通していえる。

明治創世記の潜水艇は極めて危険で不便な生活を強いられた。「ハツカネズミ」をセンサーにしなくてはならないあやふやさだった。しかしそれでもなお、潜水艦に乗務するという気概と誇りは、じつは時代も代わり技術も代わり、ハイテクの潜水艦になっても変わることはない。海上自衛隊の潜水艦は米海軍の影響で育っている。だから日本海軍の潜水艦とは違うというのは大きな間違いである。

3　潜水艇隊編成

明治三十七年十一月二十二日、日本郵船の「神奈川丸」は五艇のホランド型を載せ、横浜に無事入港した。早速、横須賀海軍工廠に回航し荷揚げ作業を実施。十一月二十六日、同工廠において盤木据付に着手し五艇の潜水艇組み立て工事が開始された。あわせて一号艇から五号艇の艤装員及び艤装員付が横須賀、佐世保、舞鶴鎮守府から五五名が発令され、艤装委員長小栗孝三郎中佐の元に服務した。各艇の艇長は以下の五名であり、当時の潜水艇乗員の選考は厳しく、艇長クラスは一流の人材が集められ、その証左として五艇の艇長全員が後に将官になっている。

一号艇　艇長　小栗孝三郎海軍中佐　海兵一五期　後に海軍大将
二号艇　艇長　松村純一海軍少佐　海兵一八期　後に海軍中将
三号艇　艇長　東條明次海軍大尉　海兵二一期　後に海軍少将
四号艇　艇長　福田一郎海軍大尉　海兵二六期　後に海軍少将
五号艇　艇長　匝嵯《そうさ》胤次《たねつぐ》海軍大尉　海兵二六期　後に海軍少将

明治三十八年一月十三日、横須賀海軍工廠で組み立て中の潜水艇は第一、第二、第三、第四、第五潜水艇と命名され第一潜水艇隊を編成し、横須賀鎮守府に本籍を定められた。ここに四〇年における日本海軍の潜水艦編成史が始まった。また同日付けで第六、第七潜水艇をもって第二潜水艇隊が編成された。本籍は呉鎮守府である。このときは潜水艇隊司令は第一、第二とも発令されなかった。

同時に潜水艇隊条例及び潜水艇隊定員が定められた。それによると潜水艇隊は、潜水艇二隻以上をもって編成され、職員は司令、艇長、機関長を置くこととした。これ以外には必要に応じ、潜水艇隊付として将校、同相当官（兵科以外の士官）、兵曹長、同相当官准士官及び下士卒を置くとある。潜水艇隊の司令は中佐ないし少佐、機関長は機関小監、大機関士で後の機関少佐、機関大尉であり、将校同相当官は二名と定められた。

司令は所属長官（横須賀、呉鎮長官）の命令を受け、潜水艇隊を指揮し、部下を薫陶訓練し、兵備を監理し隊務を総理することが任務であった。司令は部下の潜水艇の中で自分の乗艇を定めることができ、司令が乗艇する潜水艇を司令艇と称した。潜水艇隊の機関長は、機関船体及び兵器に関することを掌り、潜水艇隊付機関官の職務を監督することが任務とされた。潜水艇隊に配属される下士卒の資格は厳しく定められ、志願者の中から身体強健、品行最も善良とされる者が選ばれた。

明治三十八年七月三十一日に一号艇、九月五日に二号艇と三号艇、十月一日に四号艇と五号艇を竣工させた。これにより同十月一日をもって第一潜水艇隊を編成完結させ、初代潜水隊司令には艇長兼務で小栗孝三郎が発令され、八月一日には潜水艇母艦「韓崎丸」が定められた。

第二潜水艇隊司令が発令されたのは明治三十九年四月四日で、後に潜水艇母艦「豊橋」の艦長も兼務することになる井出謙治中佐が艇長兼務で発令された。続いて第三潜水艇隊は明治四十一年十二月二十三日に本籍を横須賀鎮守府に置き編成された。所属はイギリスから輸入したC一型二隻で、第八潜水艇と第九潜水艇で編成された。第三潜水艇隊は短命で、翌年の明治四十二年四月十七日に解隊され、第八、第九潜水艇は第二潜水艇隊へ移動、第二潜水艇隊の第五、第六潜水艇は第一潜水艇隊に移動した。

以上が明治に編成された潜水艇隊で、後に大正八年四月一日には、潜水艇隊を潜水隊と改め、所属の各潜水艇も潜水艦に改称された。それまでに編成された潜水艇隊は第一、第二、第三（二代目が大正四年に編成）、第四、第十一、第十二、第十三の各潜水艇隊である。

4　第六潜水艇遭難の真相

第六潜水艇はホランド型五艇を米国から購入した後、設計者のホランド博士から図面の提供を受け、川崎造船所の松方幸次郎が採算を度外視して、「全部損しても何程かは国のためになろう」といっさい日本人の手で建造して奇跡的に建造に成功した小型の潜水艇であった。よって後の甲標的や回天を除くと、日本海軍の潜水艦・潜水艇の中で最も排水量の少ない潜水艇だった。

このホランド型改といわれた第六号潜水艇の艇長を拝命したのが海軍大尉佐久間勉である。佐久間は明治三十九年九月に第一潜水艇隊の艇長に任ぜられ、明治四十二年二月に長女を出産する際に、最愛の妻が死亡するという悲しみを乗り越え、艇長の職務を全うしていた。その年の十月に第六潜水艇の艇長に任ぜられ、翌年の明治四十三年四月十五日、運命の日を迎えるのである。

当時、潜水艇は第七潜水艇までの七隻を保有していたが、先のとおり第六潜水艇はその中で最も小型で、他の潜水艇と同じ訓練ができないこともあり、第六潜水艇一隻のみ訓練に参加を許されず、残留を命ぜられていた。これ対し佐久間艇長は山口県岩国新湊沖で、ガソリン半潜航訓練を願い出たのである。この訓練は当時の潜水艇の潜航時間が極めて少ないことから、今日のシュノーケルに相当する通風筒を水面に出し、半潜航の状態で通風筒から吸気を行ないつつ、ガソリン機関を運転するという訓練である。

しかし、この訓練は危険をともなっていた。というのも今日のシュノーケルの頭部弁は波を被った時点で絶縁となり弁が閉まる仕組みになっており、またシュノーケルから浸水を許しても内殻弁で艦内への浸水を食い止めることができる。しかし、第六潜水艇の通風筒は手動で弁を閉める方法だったのである。そんな危険な訓練の中、起こるべくして事故は起きた。

事故原因に「何らかの錯誤による」と当時は発表されたが、事故原因は通風筒の高さ以上の潜航を指示したことにより（あるいは指示を聞き間違えた）、通風筒から大量の海水の浸水を許し、あわてて閉塞を命じた通風筒の頭部弁を閉塞するチェーンがギヤから外れてしまい大量の浸水を許してしまったのである。佐久間艇長の遺書には切れたとあるが、実際はチェーンが外れてしまい、頭部弁が閉まらず浸水を食い止めることができなかったのである。

浮力を喪った第六潜水艇は水深一五・八メートルの海底に傾斜仰角約一三度の姿勢で着底してしまった。さらに艇を少しでも軽くするために、ガソリンの排出にあたったが、逆に失敗して艇内にガソリンの気発した悪ガスにさいなまれ、気圧の上昇、酸素不足から遂に佐久間艇長以下一四名が殉職した。日本で初めての痛ましい潜水艇の事故沈没の後に艇の引き揚げを行なった結果、第六潜水艇の佐久間艇長以下、乗員へ、国内はおろか広く世界にまで大きな感銘と尊敬の念が沸き起こった。

それは全乗員が最後まで持ち場を離れず、死の直前まで成すべき使命を果たしていたこと、そして佐久間艇長の遺書が見つかり、その内容が余りに立派であったことによるものであった。遺書には、事故原因は自分の不注意であるとし、事故により潜水艇発展・研究に悪影響を与えることを憂慮する言葉を残した。そして事故原因、事故後の状況を簡潔かつ正確に記述し、自分は家を出れば死を期しており、遺言はすでに母艦にあるので、私事に関することは何も言うことなしと結び、最後に部下の遺族に生活に困窮する者が出ないよう願った。

その最後まで立派な姿は海軍関係者、とくに潜水艇関係者に精神的規範として、佐久間艇長の精神が長く浸透するに至る。後に潜水母艦に保管されていた佐久間艇長の遺書は父親に渡された。自分の父親のこと、母を亡くした一人娘のことを強く思いやる遺言内容が書かれた後、最後に次のような一文があった。「我れ死せば遺骨は郷里に於いて亡き妻のものと同一の棺に入れ混葬さすべし」とあった。佐久間艇長の遺骨は、今も郷里福井県に亡き妻と一緒に眠っている。

5　イタリア、フランス、イギリスから購入した潜水艦

第六潜水艇遭難の前、明治三十八年十月にはじめて凱旋観艦式で国民にお披露目を果たした潜水艇であったが、早くも十一月に訓練において支障が出始めたのである。当時の資料によれば、各艇が日々鋭意実験及び訓練に従事していたところ、十一月以降、漸次天候不良となり、冬季になると東京湾も風浪荒く潜水艇の行動が困難となったのである。「新兵器をして天候のため時日を、空費せしむること誠に遺憾の極み」とある。

第一潜水艇隊司令の小栗孝三郎中佐は、横須賀鎮守府司令長官に、第一潜水艇隊の呉回航を上申するのである。横須賀から呉への回航は今では何でもないことであるが、冬の東京湾内でも訓練に支障が生じる潜水艇では回航も難事業であった。母艦「豊橋」、駆逐艦「陽炎」がそれぞれ潜水艇を曳航して、館山、伊東、清水、御前崎、田辺、的矢（三重県志摩半島東）、尾鷲（三重県南部熊灘）、賀田（三重県尾鷲南端）、勝浦（和歌山県）、田辺、神戸、小豆島、の各地に寄港し、天候を見定めては出入港を繰り返し、三週間もかけて呉に入港している。

呉回航は困難を極め、風浪の強い日には潜水艇は水上航走もままならず、艇長以下乗員は

頭から海水を被り、食事もできず、身体はロープで司令塔に縛りつけ浪にさらわれないようにして辛苦な回航をしのぎ、一艇の喪失もなくやり遂げた。その後、再び横須賀に復帰するなどして紆余屈折の後、最終的には明治四十一年十月に全艇、呉鎮守府所属に変更された。

このような状況にあるホランド型を自力で発展させるだけの技術力を持たなかった日本海軍は、再度潜水艦の輸入を決意するに至る。当時の潜水艇先進国である、イギリス、フランス、イタリアから潜水艇の輸入を続けていくこととなり、これが後のC型、S型、F型、L型として大正末年にかけて続々と竣工するにいたる。

まずはイギリスのビッカーズ社がホランド型をベースに改良を重ね、量産体制に入ろうとしたC型五隻の導入を決定した。しかし実のところ契約には難航したといわれており、ビッカーズ社は当初三〇隻以上の購入を迫ってきたという。当然予算の関係でそのような大量発注はかなわず、最終的には五隻で折り合いがついた。その間、交渉が難航し遂に山本権兵衛大将が英国を訪問した時に直接交渉にあたったといわれている。

この五隻のうち、前期型ともいうべき先の二艇がC一型、後の三艇をC二型と称した。一型と二型の相違は、一型が完成の上カンガルー式特殊運搬船で日本に回航したのに対し、二型はイギリスから機関及び潜望鏡とジャイロコンパスを輸入、船体と兵器はすべて国産で、呉工廠で建造しているのが大きな特長である。

C一型は第八潜水艇と第九潜水艇で、明治四十二年の三月と四月にそれぞれ竣工している。C二型は、改C型というべき存在で一型に比べ、凌波性を向上させるため上部の構造物を大型化している。三艇とも明治四十四年に竣工を果たし、第十潜水艇、第十一潜水艇、第十二潜水艇と名付けられた。C型はホランド型の拡大改良型の要素が多く、船体も大きく潜舵も装備され、沿岸潜水艇として実用的であったとされる。

続いて導入したのが、フランスのシュナイダー社から最新式のローブーフ型潜水艦S型二隻を発注した。ローブーフは人の名前でフランスの潜水艦設計者として当時名高い人物である。ところが発注後に想定外なことが起きる。第一次世界大戦の勃発である。大戦の影響もあり建造が遅れていた第十四潜水艇と命名されたS型潜水艇の一番艇をフランスから売却して欲しいと強い要請があったのである。しかたなく売却に応じ、二番艇である第十五潜水艇は、完成後できるだけ早く日本に回航すべく手続きを急ぎ、フランスの特殊運搬船「カンガルー」により大正五年六月に到着した。

一方、フランスに売却した代艦として建造された二代目第十四潜水艇は、呉工廠で建造され大正九年四月に竣工している。これは代艦措置を取られたためで、第十五潜水艇の方が番号はあとだが、第十四潜水艇より先に竣工している。S型の大きな特長は、石油機関のエンジンを採用したことである。これまでの潜水艇はガソリン機関を採用していた。ガソリンエンジンは小型軽量で高出力が期待できるが、揮発する恐れがあり狭い潜水艇内では極めて危険であり事実、爆発事故や第六潜水艇の艇員の死を早めたのもガソリンの揮発であった。そのため石油機関は原理そのものについてはガソリン機関と変わりないが、気化しにくい灯油燃料でも作動する仕組みになっている。ただし灯油の発火点はガソリンより低くノッキング対策のため圧縮比をあまり上げられず、回転も高くできないため効率は低い。

船体の特長としては、複殻式を採用している点が大きい。後の潜水艦の船体構造はほとんどがこの方式を採用しており、艦内スペースの増大、復元性の向上などの利点が多い。その他潜望鏡、ジャイロコンパス、水中聴音機など今後の潜水艇開発に向けて少なからず影響を与えたが、速度や運動性能は評価されたものの、排水量に対して装備が過大で、総合評価として実用には不適当との結論が下されてしまった。

続いて導入されたのがイタリアからである。イタリアのフイアット・サン・ジョルジュ社のローレンチ型という潜水艦を導入することとなった。これは川崎造船所が、フィアット型のディーゼル機関の製造特許権を取得して建造したもので、潜水艦の機関として初めてディーゼル機関を採用した画期的な潜水艦でF型といった。同型はその他にも複殻式溝造を採用し、魚雷発射管も五門と強力でほぼ今日の潜水艦の原型と言ってよい。排水量も初めて五〇〇トンを超え、後に呂号潜水艦と命名された。

しかし実際に使用してみると、ガーター式という内殻と外殻のフレーム及びブラケットによるガーター構造が耐圧部分となっている。そのため水圧による変化率が大きく、二〇メートル潜航すると船体に変形が生じるなど、実用に適しているとは言い難く、結局二隻の建造で終わっている。そのため、建造中であった三番艦から五番艦に関してはできるだけ改良を加える努力をしたが、基本的な性能は向上させることができず、この三艦はF二型と称したが、やはりそれ以上は計画されることなく終わっている。

これまで見て来たC型、S型、F型はカタログ性能においては期待がもてるものの、実際に導入してみると様々な問題があり、量産化することはかなわなかった。しかしながら、各部分では潜水艦建造にとって参考になることは多く、あわせて国産で海中型の建造を進めているが、その発展にはこれらの輸入潜水艦の技術は多いに参考になっているのである。

そんななか、輸入潜水艦で実用に即した潜水艦のシリーズの導入が始まった。L型である。L型はイギリス、ビッカーズ社の潜水艦で一型から四型まであり一八隻保有するに至る。とくにL四型にはおいては大東亜戦争前半では第一線で活躍しており、日本の中型潜水艦に大きな存在価値を示したのである。L一型二隻は大正六年にビッカーズ社から製造権を取得したコピー艦である。

当時イギリスは第一次世界大戦の真っ最中で、よく日本に潜水艦の製造権を売却したと思うが、日英同盟の継続更新中の恩恵と考えられる。船体に大きな特長がある潜水艦で、パルジを設けこれをメインタンクとしたいわば半複殻構造であったが、潜航深度は六〇メートルと余り深くなく荒天時の動揺も大きかった。L型が続く各型に発展していく最大の要因は、機関の安定にある。当時の潜水艦の機関は最も変化が大きいが、それはひとえに機関の安定が不足しており後の大型潜水艦でも外国の機関を導入する時点で様々な試行錯誤や失敗を繰り返している。その点、ビッカーズ式ディーゼル機関はズルザー式より安定しているとされていたが、いかんせん馬力が劣り大型の潜水艦に適用できなかったのが惜しまれる。

続くL二型四隻は、基本的には一型と同じく大正六年度計画艦であるが、改良を施したために二型とした。一型との相違点は一型の機関がイギリスからの輸入品に対して、二型は三菱造船所がビッカーズ社からライセンス取得したディーゼルエンジンを製造して装備している。

これまでの潜水艦は海軍工廠の他は民間では川崎造船所で建造されてきたが、L型で初めて三菱神戸造船所において建設された。この川崎、三菱の潜水艦建造二社体制は今日の海上自衛隊潜水艦の建造メーカーまで引き継がれ続けるのである。

大正七年度計画艦のL三型は、一型二型の使用実績をベースに改良を加えた。具体的には乾舷を高めて凌波性を向上させ、南方地域での作戦を想定した冷却装置を主要区画に配備した点が大きな特長である。外見的には八センチ高角砲を荒天時でも射撃できるよう、艦橋に整備することとした。そのためこれまでの潜水艦に較べて艦橋が大型となり非常に勇壮に見える点、前型と大きく異なる。

L三型はさすがにL一型、二型の使用実績を元に改良が加えられて建造されているだけあり、艦隊からも好評の潜水艦だった。よって艦齢がましても除籍されることなく、艦齢延長工事が施され大東亜戦争初期まで第一線潜水艦として使用された。開戦時には呉防備隊第六潜水隊に所属し、局地防衛を担当している。その後横須賀鎮守府所属艦として終戦を迎え三隻とも残存したが、全艦米軍の指示により海没処分させられている。

L型の最終型が四型である。イギリスのLシリーズのL五〇級に属するタイプでL型シリーズ最大の九隻が建造された。これまでのL型の欠点とされた潜航速度の向上を図ったタイプで、これまで抱えていた問題を解決するまで様々な改良が加えられた。その結果「一部は必ずしも優良ではないが、総合的にはきわめて優秀」とされ長く使い続けられた。

太平洋戦争では全艦、艦齢延長工事が施され第四艦隊所属の第七潜水戦隊に所属して開戦を迎えた。最初に与えられた任務はウェーキ島攻略作戦への支援である。しかしこの作戦の最中、あろうことか太平洋上で哨戒任務交代の連絡不行き届きから、呂六六潜に呂六二潜が衝突して呂六六潜は沈没してしまう。

その他にも呂六〇潜はクェゼリン環礁で座礁沈没、呂六四潜は広島湾で訓練中に触雷沈没、呂六五潜はキスカ島で空襲を避けるために潜航沈座を試みたが事故で沈没。結局L四型九隻のうち四隻が事故等、戦闘に直接関係なく沈没してしまった。目立った戦果としては、呂六一潜がアリューシャン方面のアトカ島ナザン湾に侵入、米飛行艇母艦「キャスコ」に魚雷攻撃を加え損傷させた。しかしながら翌日も米機の爆撃と駆逐艦の爆雷攻撃を受け、浮上した際に砲撃を受けて沈没している。

結局、終戦まで残存したのが四隻、やはり戦後に米軍の指示により海没処分させられている。ただし、呂六七潜だけは終戦後佐世保の桟橋として使用されていたが、今はその役目を終えて解体されている。平成三十年、呂六八潜は若狭湾で発見されている。

6　ドイツから回航して世界を驚かせた戦利潜水艦

第一次世界大戦でUボートが活躍したことはよく知られている。しかしその活躍もむなしくドイツは戦いに敗れるが、終戦時に一〇五隻の潜水艦が連合国に押収された。それらドイツ潜水艦を日本、イギリス、アメリカ、フランス、イタリア及びベルギーで分配された。

しかし分配された潜水艦の保有は許されず、昭和十二年までに廃棄処分することが国際間の協定で定められた。ただし例外として、フランスだけは四六隻中一〇隻を戦争で受けた代償として保有を認められた。

日本には七隻の潜水艦が配分された。排水量で見ると約一〇〇〇トンの大型が一隻、約七〇〇トンが二隻、約五〇〇トン前後の艦が四隻である。しかし、問題は遠くヨーロッパから潜水艦を日本まで回航できるかが、大きな課題であった。

そこで第三特務艦隊（装甲巡洋艦「日進」、工作艦「関東」、第二十二駆逐隊の「桂」「楓」「梅」、第二十三駆逐隊「榊」「松」「杉」という編成で大正七年十二月二十六日に横須賀を出港、馬公、シンガポール、コロンボ、アデン、スエズ運河を経由して、三八日間をかけて大正八年二月十二日にマルタ到着を果たした。

復路は「日進」と第二十二駆逐隊の護衛により一号艇、三号艇、五号艇、七号艇の潜水艦が先発隊として大正八年四月六日出港、二日遅れで「関東」、第二十三駆逐隊、潜水艦二号艇、四号艇、六号艇の後発隊が出港、五月三十一日にシンガポールで合流の後出港し、六月二十三日に無事、横須賀に帰着した。ヨーロッパからアジアに潜水艦を回航することは日本人には不可能と言われていた評価を覆し、全艦無事日本に回航することができた。

七隻の潜水艇は、一号艇は〇一と名付けられた。元U125で、大型機雷敷設潜水艦であった。排水量は一一六三トンで日本海軍のこれまでの潜水艦としては最大であった。とくに〇一潜水艦に関心をもった日本海軍は後に〇一をほとんどコピーして伊二一型潜水艦、機雷潜水艦の建造に成功するのである。

二号艇、三号艇は〇二、〇三と名付けられた。〇二は元U46、〇三は元U55で排水量が七二五トンの量産型中型潜水艦である。実際に第一次世界大戦で活躍した潜水艦で〇二は五一隻、〇三は六一隻の戦果を挙げている。主たる戦闘海域の条件が日本とドイツと異なるとはいえ、それだけ戦果を挙げた潜水艦であることを認識すべきではあるが、調査を十分に実施したが中型潜水艦への関心は決して高いとはいえなかった。

四号艇、五号隊は〇四、〇五で元U90とU99で排水量が四九一トンと小型の機雷敷設潜水艦である。しかし太平洋での戦いでは運動性と旋回性能が優れていても、機関出力が小さいため低速で潜航中の安定性がよくなかった。よって〇四型も余り顧みられることなく処分された。〇六と〇七は元UB125とUB143で、沿岸用の小型潜水艦である。小型ゆえにほとんど注目をされたという事実がないのが惜しまれる。
いずれにしても七隻のうち関心を持ったのは〇一の機雷潜のみで、他の潜水艦は中型、小型のためにほとんど注目されていないことが残念である。しかしながら、ドイツの潜水艦を詳しく分析した事実は、以後の潜水艦、とくに大型の潜水艦建造に極めて貴重なデータをもたらした。当時の調査報告書は現存しており、その中でドイツ潜水艦を次のように評価している。

ドイツ潜水艦の長所

・一言で評すれば実用的である。
・各部堅牢、操縦簡単、作動良好。
・諸装置の釣り合い良好、偏重することなくそれぞれの強度を維持し、しかも全体として堅牢。
・安全装置豊富、故障少ない。応急施設完備す。
・場所の利用巧妙。
・工事は綿密、丁寧で形式は統一されている。
・各部注油潤滑法適切
・各種目板、注意書、使用説明完備、艤装は丁寧でナットの戻止は徹底的に実施されている。
・安全深度は七〇メートルであるが戦時には一〇〇メートルの例がある。

・発令所後部に主要補機を集める
・内殻外に出る諸管は二重弁を備えている
・電池室は揚蓋式で上部居住区が広い。蓋の周囲には溝があって絶対に水が入らない。
・バラストタンク、調整タンクは全部内殻外にある。
・横舵は推進器の直後にあり、小さい面積で効果が大である
・電池は軽量で容量が大きい。

これらの内容を特筆したということは、逆に言えば当時の日本海軍が保有していた潜水艦には見られない特長であることが見てとれる。欠点としては、水上速力が小さい、電池の検査が不便、投錨作業が面倒くらいで、大きなウィークポイントはなく、後はせいぜい南方地への対策がないとある。ただこれはドイツと日本の主戦場の違いであり、日本海軍は南方が主戦場であるので欠点とは言い難い。これらの調査結果により、海軍中型、イギリスより輸入されたL型の建造を中止し、今後はドイツ式の潜水艦とすることが決定されたのである。日本海軍に大きな恩恵を授けてくれた戦利潜水艦は国際法上、自国海軍の戦力にすることができなかったため数奇の運命をたどることになる。

○一は大正十年に横須賀工廠で解装され、大正十三年から十四年にかけて潜水学校の交通栈橋となった。その後、大正十四年に沈没潜水艦を救難するための沈鐘船として使用され、昭和十年まで使用された。○二も同じく横須賀工廠で大正十四年から沈鐘船に改造後、呉に

曳航中暴風のため行方不明となってしまった。その後捜索すれども発見することができず、なかば諦めていた昭和二年、ホノルル西方で米商船に発見され自枕処分とされた。

〇三は大正十年に佐世保工廠解装、大正十二年に雑役船に編入された。その後桟橋となり生涯を終えている。〇四は、大正十三年から大正十五年まで潜水学校で使用された後、売却された。〇五は、大正十年に解装を行ない、同年十月、東京湾で爆弾や魚雷の効果実験に使用され、その後売却された。〇六は、大正十年、佐世保工廠で解装を終え、佐世保港務部の桟橋となった。〇七は、大正十年に横須賀で解装を終え、横須賀工廠の交通用桟橋となった。

7　日本潜水部隊中興の祖末次大将の活躍

最も欲していた大型の攻撃型の潜水艦であるU14型潜水艦が戦利潜水艦に含まれていなかったた。そんななか、第六、第七潜水艇である改型を図面だけで建造に成功し、日本の潜水艦発達の民間人での最大の貢献者といわれた松方幸次郎という人物が暗躍する。

松方幸次郎は父が元勲で二度にわたり総理大臣を務めた松方正義である。幸次郎は川崎財閥の創設者で、後に川崎造船所の初代所長を務め、ホランド型改の建造から、潜水艦の国産化に力を注いだ人物である。今日では潜水艦への功労より、日本における西洋美術の母体となった「松方コレクション」の方が有名かもしれない。

その幸次郎に海軍は戦利潜水艦で得られなかった、ドイツ潜水艦の図面を入手して欲しいと特命が依頼されるのである。一説には、Uボートの図面を獲得することをカモフラージュするため美術品を買い求めたという。その努力の結果、首尾よく他国に先んじてU142の図面の入手に成功したという。

またあわせて、世界的潜水艦設計の権威、ハンス・テッヘル博士と多数のドイツ専門家を日本に招聘したことにも多大な功績を果たした。とくに日本に来たドイツ技術者たちは三年間で八〇〇名といわれ、技術者だけではなく元艦長や士官なども含まれ、U142型をコピーして建造に成功したのが巡潜一型（伊一潜、伊二潜、伊三潜、伊四潜。伊五潜は巡潜一型改と区分されている）である。

巡潜一型は航続距離が極めて長大な大型潜水艦で、艦隊随伴用の高速潜水艦である海大型の建造にも大きな影響を与えたのである。これにより喉から手が出るほどといってよい、長大な航続距離を持つ巡潜型、高速艦隊随伴用潜水艦である海大型、機雷を敷設できる大型機雷潜水艦の三タイプを保有する潜水艦を日本海軍は保有することが可能となったのである。

ただし、余談ではあるが、この巡潜一型のモデルとなったU142型はドイツ海軍では交通破壊戦用の潜水艦として設計されていた。その証拠として魚雷の積載量が多く二二本だった。これは後に建造された日本海軍の潜水艦を含めて最大の魚雷搭載数量だった。ご承知のとおり、交通破壊戦用の潜水艦にとってできるだけ予備魚雷が多いに越したことはない。しかし日本海軍は大東亜戦争で、巡潜一型を積極的に交通破壊戦に使用することはなかった。その証左に巡潜一型四隻すべては輸送作戦中に戦没している。

潜水艦の技術については着実に前進を続けていたが、潜水艦隊では必ずしも士気極めて旺盛という状況にはなかなかならなかった。その第一の原因は、前述したように潜水艦の事故が多かったことによる。大正時代に入っても事故沈没二件（第七〇潜水艦　第四三潜水艦）の他、水中衝突二件、水上衝突二件、浸水事故等六件、水素ガス爆発一件、主要兵器損傷事故一件と潜水艦は極めて危険であり、乗員の中には恐怖を覚える雰囲気があり、すこぶる意気消沈している状態だった。そこに勇躍して乗り込んだのが末次信正海軍少将である。

末次海軍少将は海兵二七期。後に加藤寛治海軍大将とともに艦隊派の中心人物で軍縮条約に強硬に反対し、海軍部内の統制を乱したとされ、戦後の軍政面における評価が決して高くない人物である。経歴を見ても砲術畑を歩み潜水艦とは縁がない。しかし海軍少佐時代に英国に駐在したことがきっかけとなり潜水艦の用兵に関心をもち、潜水艦による西太平洋での迎撃を想定した五段階の漸減戦略を構想している。

そんななか、大正十二年十二月、海軍少将に昇任すると自ら進んで第一潜水戦隊司令官に転出した。「素人である自分がどうして良いか見当がつかなかった」と回想しているが、何事にも積極的に出て、潜水艦部隊の委縮している精神を立て直さねばならないと決心した。

そのため末次司令官の訓練指導は果敢を極め、艦隊警戒幕突破、すなわち敵の輪形陣をいかに突破するか、厳しい訓練を続け、大演習などではこれまでなかった、第一、第二潜水戦隊を統一指揮するなど、これまでの固定概念を払拭した大胆な運用を打ち出した。

また同時に潜水艦の性能向上に努め、艦隊運動に策応できる長距離航海可能で、なおかつ高速性を備えた艦隊用潜水艦が先のドイツから技術導入などで加速されたこともあいまって、先に述べた、潜水艦の漸減作戦への活躍が実現できれば、日本海軍は米国艦隊との対決に成算を得ることができるのではないかと、期待が高まった。末次司令官の潜水戦隊司令官の期間は短くも、潜水艦関係者に旋風を起こし、練度を向上させるとともに潜水艦用法が技術革新とあいまって大きく前進を果したのである。

しかしこの戦略は、潜水艦を艦隊決戦の補助兵器として位置づけ、その後紆余曲折をともないながらも根強く定着した。結果論として太平洋戦争の期間中も、その作戦構想から完全に脱却することができず、潜水艦作戦への失敗につながったと言っても過言ではないと思われるのである。

8　伊号潜水艦登場

日本海軍の潜水艦発展に対して、海外の技術ばかりに頼っていたわけではない。日本独自の設計も、海外技術を参考にしつつ進めていた。海中型といわれるもので大きさからいうと呂号潜水艦になる。

海中一型は大正八年に竣工した、フランスから輸入したS型をタイプシップとし、日本独自の改良を加えた艦隊用潜水艦である。以後、二型、三型と拡大改良が進み、大正七年頃艦隊随伴用の高速潜水艦を求めて行くなかで、海中では性能の限界があると判断した日本海軍は大型潜水艦の開発に指向することになる。

当時の高速艦隊随伴型潜水艦に求められた性能は、水上速力二〇ノットが不可欠とされた。しかし、そこまでの速力を発揮させるには機関馬力が二基で六〇〇〇馬力は必要とされた。しかし当時日本海軍が保有していた呂号潜水艦では、海中型のズルザー式二号ディーゼルが二基で二六〇〇馬力。L型に搭載されていたビッカーズ式ディーゼルでは二基で二四〇〇馬力であったことから、いかに六〇〇〇馬力は厳しい要望であったかがわかる。しかしながら大正初年の時点で、単基三〇〇〇馬力の出力を持つディーゼルエンジンは存在せず、これだ

け の大型機関を入手できる目途がつかなかった。

情報ではスイス、ズルザー式ディーゼルが単機三〇〇〇馬力の機関を開発中とあったが、完成期日未定のため苦肉の設計案を考案することになる。それは海中型で搭載されているズルザー式一三〇〇馬力のディーゼルエンジンを四基搭載するという計画である。機関四基四軸の潜水艦はこれまでにはなかった。然であるが通常の二倍の機関を搭載するスペースが必要であり、潜水艦であるために単純にスペースだけ確保すれば良いという問題ではなかった。二倍のスペースということは耐圧殻を多筒式船殻にしなくてはならなかった。

簡単にいってしまえば、円筒を二本メガネ型に並べる船体であると想像いただきたい。設計は大正八年から始められたとされていることから、まだドイツ式の潜水艦の影響は受けておらず、英式の潜水艦の技術が参考とされた。よってその設計には困難を極め、六度におよぶ設計変更がなされた。

この海大一型は、単に水上速力だけが求められた潜水艦ではなく、航続距離や兵装にも重点が置かれた。航続距離は一〇ノットで二万浬と長大な後続距離を持つに至る。これまでの呂号潜水艦が五〇〇〇浬から六〇〇〇浬であることから、一気に四倍の航続距離を有したことになる。これは日本からハワイまで往復約七〇〇〇浬であるから、ハワイ周辺で十分に活動できる能力であることがわかる。兵装は艦首に魚雷発射管が六門、艦尾に二門計八門と強力で、さらに予備魚雷は二〇本も搭載されていたのである。これは単純にこれまでの呂号潜水艦の攻撃力が二・五倍に跳ね上がったといってよい。

もうひとつの特長として、日本の潜水艦としては設計時から司令塔を設置し、司令塔、発令所という以後の潜水艦の基本系の配置となった。

このようにして、進水式から二年半の歳月をかけた以後の日本海軍潜水艦建造に大きな一歩を踏み出した大型潜水艦であったが、実用面では問題が数多く発生した。まずは基本である機関トラブルが多く、全力運転を発揮することが困難で、速度も二〇ノットに届かず一八・四ノットに留まった。

また機関四基四軸潜水艦であるため、船体の形が複雑で水中機動性能に劣るとされた。さらに操舵機構も故障が多く、早くも竣工五年後の昭和三年には艦隊任務から外されている。その後翌昭和六年には二機関二軸が撤去され、訓練用の潜水艦として活躍している。その他、飛行機搭載の実験として格納筒やカタパルトが設置されるなど、教育訓練や実験艦として位置づけられる潜水艦となった。しかし試作艦・実験艦であっても、日本がほぼ自力で大型潜水艦を建造した功績は大きく、後の伊号潜水艦の発達に大きな影響をおよぼしたのである。続いて建造されたのが海大二型である。二型は六〇〇〇馬力の出力を発揮することに成功したスイスで製造したズルザー式三号ディーゼルを導入して建造された。その結果、わが国では初めての水上速力二〇ノットを達成することが実現可能と期待された画期的な潜水艦である。

また後に竣工する巡潜一型はドイツUボートの142型をコピーして建造されたといわれているが、そのU142の改正前のU139型の設計図を参考に海大二型は設計されたとされる。U139型は、ドイツの潜水艦において初の巡洋潜水艦である。広範囲に行動できる長大な航続力で、哨戒任務と通商破壊戦が可能となった大型高速重武装潜水艦である。この巡洋潜水艦こそ、日本海軍が念願である敵港湾に長期間にわたり、哨戒任務を可能とする大型潜水艦であった。

海大二型についても、実験艦の要素があり様々な試みが施されたこともあり、進水から竣工まで三年三ヵ月を要している。しかし竣工後は、肝心な機関の故障が多く全力運転が発揮できない状態が続いた。具体的には機関のピストンにおける故障が相つぎ、実用上では最大速度一九・五ノットに留まった。後にズルザー式機関は原型を留めないほど改良が加えられ信頼性を増していったが、初期の段階ではトラブルが多かった。

よって伊五一潜（海大一型）同様、早々と昭和三年に呉防備隊に編入されて第一線を去り、昭和十年からは機関学校の訓練潜水艦として余生を過ごした。それでも除籍されることなく、昭和十六年に再び呉配備となり、以後は潜水学校の訓練用として終戦時まで残存した。最後の余談だが、試験艦として建造された海大一型を特異として、日本海軍だけに留まらず第二次世界大戦中の潜水艦はほとんどが二軸推進の潜水艦だった。

戦後、海上自衛隊が国産に移行して水中、水上双方で有利に作戦できる潜水艦から、水中性能を重視する涙滴型潜水艦に大きく変革を遂げる時代が訪れていた。涙滴型の一番艦「うずしお」が竣工するのが昭和四十六年の頃である。そのとき推進軸が二軸から一軸に代わることとなった。

当時の運用者からは一軸への不安が根強く、大きな反対がおきた。推進軸に被害を受けたとき、事故が起きたときに一軸なら帰れないではないかという不安である。しかし、涙滴型推進派は敵に探知されない潜水艦を造る、水中で高速を発揮できない潜水艦ではこれからの対潜戦は戦い抜けないと説得した。最終的には一軸艦は出現することとなり、今日まで潜水艦は一軸艦である。笑い話に二軸を強く主張していた艦長が、すでに一軸艦になることを抗することは困難と感じた時「俺も遂にいちじくかんちょう(いちじく浣腸)か」と嘆いたという。

9　機雷潜水艦は嫌い

第一次世界大戦の敗戦国であるドイツ海軍の戦利潜水艦七隻のうち、最も日本海軍が注目したのが〇一と称されたU125である。この潜水艦は、UEⅢ型といわれた大型機雷敷設潜水艦でドイツで一〇隻建造された。当時としては最新式の機雷敷設装置に加えて、航続距離が一万浬と長大で、内地に回航された後は詳細に調査分析され、ほぼコピーとして建造されたのが伊二一潜型ともいわれた機雷潜型である。大正十二年に計画され、当初六隻の建造予定が計画されたが、結局四隻が竣工した。低速ではあるが航続距離が長大でかつ大型潜水艦を保有するに至るのであるが、じつはこの潜水艦はやっかいだったのである。

当時まだ独自で大型の潜水艦を国産で建造することはなかなか困難であったことから、設計方針としては原型を踏襲して、どうしてもそぐわない部分だけを改良するということで設計が進められた。よって相違改良部分は少なく、具体的には南洋方面で行動する可能性があるので、全長を約六メートル延長して冷却機を装備した。しかし、船体が延長されても潜舵と横舵の位置はそのままとし大きさも小さいため、水中での運動性能に少なからず支障が出たという。

その他は主砲を巡潜一型と同じ日本海軍の制式砲である、四〇口径一四センチ砲に改めた。それ以外では魚雷を同じく日本海軍の制式魚雷である五三センチ魚雷とした。大砲や魚雷の弾の補充が必要不可欠であることから、日本式に改めておかないと面倒である。

潜水艦への機雷の搭載方法であるが、まず機雷は上甲板のハッチから艦内に装備されている昇降機でひとつひとつ丁寧に艦内に降ろされる。艦内には二列三段の機雷庫があり、三段のうち中段の棚が敷設管につながっている。よって上下の移動は一度昇降機台に移さないと中段には来ない。全搭載機雷数は四二個で格納位置は上段に三個二列、中段に七個二列、下段に同じく七個二列、敷設筒内に三個二本、昇降機台に二個である。

問題は敷設時のツリムにある。潜水艦は浮力と自らの重さが等しくなっている。その状態で海水をタンクに入れれば潜航し、逆をすれば浮上する。ところが艦の前後に重量差ができればすぐに前か後ろに傾斜をしてしまう。横舵が小さいので抑えがきさづらく艦を安定させるのが難しい上に、機雷を敷設するたびにツリムが変化する。機雷を約六〇メートル間隔に落としていくのは、次の落下まで約一分を要するので、どうしても水中は二ノットくらいで走らなくてはならない。速度が遅ければ遅いほど舵はきかなくなる。

一個機雷を落とせばそのぶん艦は軽くなる。その重量と同じだけ海水を艦内に入れなくては艦尾が浮き上がり、当然入れ過ぎたら艦は沈む。さらに艦内では四二個の機雷を一つずつ後方に移していかなくてはならない。この移動に従って今度は海水の位置をずらして均整を保たなくてはならない。操作を誤れば艦が傾斜をするので、機雷は滑り出す危険性もある。

それで爆発するようなことはないが、乗員が片足を切断する事故が発生したこともある。

じつに扱いの難しい艦で、機雷にひっかけ「嫌い潜」と呼んでいた。潜水艦に搭載する機雷は大正十三年にドイツから設計図を入手し、実験用としてまず五個が製造された。その後各種実験が行なわれ、様々な改良が加えられて八八式機雷として量産に入った。その後八八式改一という改良型とあわせて太平洋戦争開戦時には、約三〇〇個準備ができていた。

老朽化も手伝い開戦の頃にはねずみと油虫がとくに多かったといわれる、伊一二一潜、伊一二二潜、伊一二三潜、伊一二四潜の四隻は、開戦時第六潜水戦隊に所属、南方部隊とし比島方面の作戦に従事した。開戦前日、伊一二一潜と伊一二二潜はシンガポール方面に機雷各四二個を敷設。翌昭和十七年一月には伊一二一潜と伊一二四潜はポートダーウィンに機雷三九個と三七個を敷設。伊一二四潜の敷設した機雷により米船とパナマ船が触雷沈没している。その後は別途詳細を紹介する。

「K作戦」と称された、潜水艦から燃料の補給を受けた大型飛行艇による真珠湾を爆撃する計画が立案・実施された。戦果はともかく第一次K作戦は成功を収めたので、第二次K作戦として補給用の潜水艦に機雷潜が選ばれた。つまり機雷を敷設してもなかなか有効な戦果が上がりにくいと判断され、機雷格納庫と敷設筒を燃料タンクに改造するのである。

同型艦四隻のうち、すでに戦没していた一隻を除く三隻が改造を受けた。改良工事は難工事であったと記録にあり、少しでも油が漏れれば爆発の危険があるため、パイプを二重にして万が一の漏洩があっても艦内に漏れ出さない工夫がなされた。このような困難な改良工事を施したが、肝心の第二次K作戦では、潜水艦と飛行艇の会合場所であるフレンチフリゲート環礁が敵の知られるところとなり、厳重な警戒のため作戦を断念せざるを得なかった。

機雷潜型四隻は、最初に伊一二四が昭和十七年一月にポートダーウィン沖で沈没。続く伊一二三潜が昭和十七年八月にガ島付近で消息不明。そして伊一二二潜が昭和二十年六月に舞鶴から七尾湾に回航中に敵潜水艦に襲撃され沈没、日本海で沈んだ唯一の潜水艦となった。終戦まで残存した伊一二一潜であるが、昭和二十一年四月に若狭湾で海没処分を受けた。こうしてみると機雷潜型四隻は艦番号の大きい順から沈没していったのである。

ちなみに海上自衛隊の潜水艦も機雷を敷設できる能力を持っている。ただし、伊一二一潜型のような苦労はなく魚雷発射管から機雷を発射できるようになっているそうだが、詳細はまったく公表さていない。

10　日本海軍の潜水艦戦略の変遷

日本海軍は日露戦争以後、米国を最大の仮想敵国と見なしていた。西太平洋に米艦隊を迎え入れ、わが戦艦・巡洋艦部隊で一気に雌雄を決することを作戦の基本方針としてきた。当時、米国艦隊がハワイから日本へ来攻する経路は、アリューシャンを経由する「大圏航路」、オーストラリアから東南アジアを経由する「南方経路」、直接西太平洋に向かう「中央航路」が想定されていた。

その中でも最も効率の良いとされる中央航路、すなわち南洋委任統治諸島を島伝いに攻撃して西へ攻めて来ると予測していたのである。そして米海軍も日米開戦の三〇年も前から日本が考える同様のルートを構想の主に置いており、期せずして日米両国は同様の戦術を描いていた。

日本海軍は日本海海戦の勝利を米艦隊相手に再来させるべく未曾有の八八艦隊計画の着手に入る。しかし国力の限界もあり大正十一年にワシントン条約が締結された。これにより日本の主力艦兵力は対米の六割に抑えられ、日本海海戦のような艦隊決戦において極めて不利な状況に陥ると考えられた。そのため、主力艦どうしの艦隊決戦前に補助兵力部隊により、一隻でも米主力艦を減ずるべく「漸減作戦」を立案するに至る。

漸減作戦においての潜水艦の役割は大きく二つの任務が想定されていた。ひとつは敵の湾口に長駆進出した後、米艦隊の出動を監視し可能な限り追尾を実施して機会あればこれを襲撃するものと、もうひとつは艦隊随伴する潜水艦をもって艦隊決戦の支援をするものと考えられていた。

その結果、前者は航続距離を重視した巡潜型（巡洋潜水艦）、後者は水上速力を重視した海大型（海軍大型潜水艦）として発展する。あわせて機雷を敷設する能力を有する潜水艦、機雷潜型潜水艦と大型潜水艦は三タイプ整備されていくのだが、そこにはドイツ潜水艦の影響が極めて大きいことがわかる。

第一次世界大戦においてドイツの潜水艦は実用性の高い潜水艦を続々と建造し、著しい発展と戦果をあげたことは周知の事実である。しかしドイツは大戦に敗れ、残されたUボート一〇五隻が日英米仏伊およびベルギーに分配されることが決まった。

日本にもたらされた戦利潜水艦は全七隻で、大正七年に日本に回航されたが当初、地中海から遠く日本に回航することは日本人には不可能との諸外国は予測した。しかしその予想をくつがえし、一艦の喪失もなく全艦日本にたどり着いた。戦利潜水艦は仏国を除いて（仏国だけは配分された四六隻中一〇隻を戦争で受けた代償として自国の潜水艦として使用できた）昭和十二年までに廃棄することが定められており、自国の戦力として保有することは許されていなかった。

よって北海道から沖縄まで戦利潜水艦による巡航を行ない広く国民に披露し、あわせて各種調査・実験が行なわれた。その結果ドイツの潜水艦は当時の日本の潜水艦に較べて極めて実用的であることが大きな特長で、具体的には各部が堅牢であることがわかった。さらに操縦が簡単であること、作動が良好であることが確認され、とくに諸装置の釣り合いが良く、編重することなくそれぞれが強度を維持し、全体として堅実であることがわかった。

これらの調査結果はその後の潜水艦建造に貴重なデータを残したことはいうまでもない。事実、〇一と称された機雷潜水艦であるU125をコピーして伊二一型といわれた機潜型四隻を後に建造することになったことは先に述べた。

あわせて大正十三年四月、その優秀なドイツ潜水艦を世に送り出した、ゲルマニア造船所の潜水艦設計部長で「世界潜水艦の父」といわれたテッヘル博士が来日したことがさらに大きな躍進の鍵となった。

テッヘル博士は、第一次世界大戦後オランダのハーグに「テッヘル設計工務所」を設立、敗戦国ドイツが潜水艦の建造を禁じられていたことで技術の埋没を恐れ、いわば民間の工務所として外国の潜水艦設計を行なっていた。

この潜水艦建造の神様のような人物を日本に招聘することに成功したのである。テッヘル博士を含む五人の技術者と独潜水艦長に大正十三年四月から大正十四年四月までの約一年間にわたり、ドイツ潜水艦の様々な技術指導を受けることができた。

またテッヘル博士以下、独技術者の協力を得て、海中型から発展して試行錯誤を繰り返してきた海大型の発展にも大きな功績を果たしたことはいうまでもない。これにより航続距離が長大な巡潜型、速度優先型の海大型、機雷潜を有することにより、ワシントン条約による漸減作戦における艦隊決戦支援が潜水艦にも託せる目途がたったのである。

11 ロンドン条約が潜水艦に与えた影響

巡潜型が大正十五年、海大三型及び機雷潜が昭和二年に、それぞれ一番艦が竣工している（巡潜型は伊一潜、海大三型aは伊五三潜、機雷潜型は伊二一潜）。しかし、昭和五年ロンドン条約が締結された。これは漸減作戦の重要な戦力と目されていた巡洋艦以下の補助艦艇も制限を受けることになった。これによりかねてより軍備と演習を重ねてきた、対米国艦隊への漸減作戦を根本から見直さなくてはならなくなったのである。

当然、潜水艦の役割も大きく見直されることとなり、とくに艦隊決戦支援として、艦隊に随伴できる速度を重視した海大型に期待が強まったが、当時の海大型では速度や敵航空機の脅威を回避すべき性能を有してはいなかった。さらに厳しさを増したのが、潜水艦そのものへの保有制限が加えられたことで、全体の保有トン数が五万二七〇〇トンに過ぎず、隻数にすれば約三〇隻で、当初考えられていた必要隻数の約半分であった。当然のこととして、量は質で補う方法しかなく、ロンドン条約下の潜水艦には限られた枠の中で質の向上が強く求められたのである。具体的には巡潜型にはより索敵範囲を拡大すべく飛行機の搭載が計画された。

潜水艦に飛行機を搭載して運用することは、各国の潜水艦も試行錯誤を繰り返したが結局戦力化まで至らず断念している。日本海軍は粘り強く研究開発を進め、とくに困難であった小型で頑丈な水上偵察機を開発することに成功したこともあり、他国に比べ順調に発展するに至る。潜水艦にとり飛行偵察が成功すれば飛躍的にその偵察能力は向上する。さらに通信機能を充実させた旗艦型の潜水艦の計画が早急に着手されたのである。

海大型にはより高速発揮できる潜水艦の開発と、これまでの海大型には航続距離延長も図られた。その結果生まれたのが、巡潜二型であり、海大六型である。初めて飛行機を搭載した潜水艦は巡潜一型改の伊五潜であるが、その先例を踏まえて新造時から飛行機を搭載する設備を有し、国産のディーゼル機関を装備した巡潜二型はドイツのゲルマニア型の影響は残ってはいるが、純日本式巡潜型への一歩といえた。

一方、海大型は、六型でついに国産の機関を搭載した。これ明治三十八年以来、船体も機関も国産化することは永年の悲願であったことが実現したことを意味する。艦政本部が開発した軽量大出力の艦本式一号甲八型ディーゼルを搭載した海大六型は、水上速力二三ノットを達成するなど、着々と高性能の潜水艦を建造していった。

昭和八年度に行なわれた特別大演習では、とくに南洋方面において行なわれ徹底的に潜水艦戦術の訓練、研究がなされている。翌年にワシントン・ロンドン軍縮を破棄する時期として、また戦前の潜水艦戦術を知るうえで参考になる演習年度になる。幸いにして昭和八年度の海軍潜水学校　潜水艦巡回講習講話要領が現存しており、当時の訓練の状況や所見が一次資料として見ることができる。これを読むと潜水艦戦術はこれまで述べてきたとおり、潜水戦隊を単位とする敵港湾監視哨戒、追躡・触接、艦隊戦における潜水戦隊の使用が非常に詳しく研究されている。

この中でとくに環礁地域での作戦に重点が置かれており、監視哨戒では、高温多湿の環境の中で、二個潜水戦隊を三日ないし五日で交代して監視を続ければ潜水艦の直接監視により敵の捕捉が可能であると結論されている。また、追躡・触接は潜水艦として最も重要な任務として捉えられ、毎年訓練が行なわれていた。この中で潜水戦隊は散開線を構成し、敵情により部隊指揮官指揮統制の下に触接隊形を保持し、敵を発見したならば全艦で集中して襲撃を反復するとある。

散開線とは、敵が進んでくると思われる針路に対し潜水艦を広正面に分散配列することをいう。散開線には散開したる後引続き敵に向かい進撃する進撃散開、散開したる後其の位置に在りて敵の来航に対し待機する待敵散開、散開して索敵前進する索敵散開、敵航空機または軽快部隊の攻撃を避けるため散開する避敵散開、といくつかの種類があった。（散開線については後述）

いずれにせよ、この任務を遂行するには三個潜水戦隊が必要とされた。一個潜水戦隊は旗艦に指揮された三隻編成の三個潜水隊で編成するのが基準とされた。そのためには旗艦能力の向上が必要不可欠とされ、この時点では一万トンクラスの高速航空巡洋艦を理想とすると当時の一次資料にある。おそらく南雲機動部隊で活躍した「利根」「筑摩」を理想としたのであろう。

しかしこれは後に敵艦隊に後方からといえども進出する際、潜水艦は潜航できるからよいが、水上艦では容易に敵空母機の前に裸となって危険となるため、潜水艦に旗艦能力を有することが必要とされた。その結果として巡潜三型に旗艦能力を付加した潜水艦、伊七が開発された。以上のことからも潜水艦は艦隊決戦の重要な戦力として、毎年のように演習・研究を行ない、戦備を整えていったことがうかがえる。

12　無条約時代の潜水艦

　昭和九年一月、日本はワシントン、ロンドン条約は国防上極めて不利であると判断し、条約を破棄することを通達した。これにより日本海軍は昭和十三年から条約の制限下を脱し無条約時代に突入したが、引き続き潜水艦の作戦方針は、漸減作戦下における艦隊決戦兵力の重要戦力として活躍するよう大きな期待がかけられていた。

　その後も巡潜型、海大型と建造が進められてきたが、国産である艦本式のディーゼル機関の性能が徐々に実績を出したことにより、速度の早い巡潜型、航続距離の長い海大型の建造が可能となり両型の違いがなくなりつつあった。それに対して、演習や戦訓研究より潜水戦隊を指揮する旗艦機能、偵察能力を飛躍的に向上させる飛行機搭載機能、敵主力艦への高速、遠距離での雷撃を可能とする雷撃強化機能が求められるようになった。

　その結果、海大型に較べて整備が進んでいなかった巡潜型潜水艦を発展させるとして、旗艦と飛行機搭載能力を有した巡潜甲型、甲型から旗艦設備が除かれた巡潜乙型、魚雷発射管八門を有する雷撃強化型の巡潜丙型を整備する計画に変更された。結果的にこれらの潜水艦が太平洋戦争における日本海軍の主力潜水艦となる。

充実した潜水艦戦力を開戦前、すなわち昭和十四年度海軍小演習、昭和十五年度特別大演習、昭和十六年度長期特別行動でこれまで永年にわたって研究、練成してきた潜水艦戦術を試行してきたが、一部戦術の疑問と不安が産まれてきた。

具体的には昭和十四年度海軍小演習では、二個潜水戦隊で先遣部隊が編成され、紀伊水道において監視・追躡・触接訓練を実施した。ところが敵を発見できないばかりか、逆に護衛の駆逐艦から攻撃を受けて潜水艦二隻が廃艦判定を受けてしまった。さらに潜水艦搭載機により敵を発見し、各潜水艦は邀撃に努めたが成果はなく、これまた逆に反撃を受けて二隻が廃艦となった。続く翌年の昭和十五年度の特別大演習では長期行動訓練を実施し、これまでの監視・追躡・触接にあわせて、軍事施設の破壊、海上交通破壊戦の訓練も実施された。

特筆すべきは海上交通破壊戦訓練で、五日間にわたり対馬海峡、東京湾口、豊後水道沖に潜水艦を分散配置し、交通破壊戦訓練を実施した。この訓練に参加した第三潜水戦隊、軽巡一隻、潜水艦九隻は八七隻の商船を、第五潜水戦隊、軽巡一隻、潜水艦七隻は四六隻を訓練襲撃することに成功し、所見において「将来、長期交通破壊に使用する潜水艦は弾丸戦時定数及び予備魚雷を増加するを要す」とある。そして開戦間近の昭和十六年度長期特別行動では、トラック、サイパンまで足を運び長期行動訓練を実施している。

この訓練の成果及び所見では、昭和十四年度の小演習と同様、敵港湾への監視の難しさ、長期行動において追躡・触接の困難なことが記されている。以上の演習結果から、警戒厳重な水上艦隊に対する潜水艦の攻撃は、効果が低く犠牲が多いということが実証される一方で、日本近海においてではあるが、交通破壊戦訓練では多くの商船を捕捉できたことにおいて、大型潜水艦の任務は敵要地の監視と交通破壊戦に変更すべきであるという結論が軍令部で考慮されたと考えられる。

その証左として㊄計画を対米戦必至とにらみ、前倒して計画された㊉計画では、敵主力艦隊を襲撃する潜水艦より、長距離哨戒・交通破壊戦任務にむいている甲型、乙型、丙型の巡潜型や中型の潜水艦が計画されており、日本海軍の潜水艦戦備は開戦直前では、漸減作戦の補助兵力から遠距離哨戒交通破壊戦への転換を画策したといえるが、具体的な戦術の見直しや戦備が整う前に太平洋戦争に突入したため、これまでの艦隊決戦の補助兵器としたまま、対米戦に臨まなくてはならなくなったところに、後に起こりうる潜水艦作戦の不振の萌芽が内在していたといえよう。

13 潜水部隊の組織

日本海軍の潜水艦に関する組織において特長的なのは、第六艦隊の存在と潜水艦を隊や群で指揮運用したことに見られる。潜水艦専門の艦隊、第六艦隊が編成されたのは、昭和十五年十一月十五日である。従来までは潜水戦隊ごとに各艦隊に編入されていたが、日米開戦の約一年前から潜水艦の統合運用がなされていた。これは米海軍の潜水艦には見られない特長で、むしろ米海軍の潜水艦部隊は複数の潜水艦部隊が反目や対立をしていたことを考えると、大変先見性の高い艦隊編成であった。

六艦隊の長官は中将で、参謀長、先任参謀、水雷、航海、通信、機関の各参謀、機関長に主計長が主な幹部であった。開戦時には第一から第三潜水戦隊が所属し、九個潜水隊三〇隻の潜水艦を有していた。

潜水戦隊は複数の潜水隊で編成され、指揮官は戦隊司令官で階級は少将であった。最初の潜水戦隊が編成された第一潜水戦隊は大正八年四月である。まだ潜水艦隊は編成されていないので第一艦隊に所属した。

司令部は巡洋艦の「阿蘇」に置き、潜水母艦として「韓崎」「駒橋」が所属した。隷下には六個潜水艇隊を置いた。潜水艇隊とは潜水隊の前身で大正八年四月に潜水隊と改称している。続く第二潜水戦隊は大正十三年四月に編成され、第二艦隊に所属された。司令部は巡洋艦の「平戸」、潜水母艦に「韓崎」、隷下に六個潜水隊を置いた。第三潜水戦隊は昭和十二年十二月に編成され、司令部は軽巡「多摩」に置いた。第四艦隊に所属し、隷下に同じく六個潜水隊を編成した。

以上、三個潜水戦隊のうち第一、第二潜水戦隊は昭和十四年十一月、第三潜水戦隊は昭和十十三年六月に一旦編成を解かれ改編されていく。その後昭和十四年から第三、第四、昭和十五年には第一、第二、第五、第七潜水戦隊が新編され続々と潜水戦隊が誕生する。最終的にはは日米開戦までに第一から第七潜水戦隊まで編成され、加えて開戦後には第八潜水戦隊、就役訓練や教育の潜水戦隊として第十一潜水戦隊、呉潜水戦隊が存在した。

明治三十八年一月十三日に第一潜水艇隊としてホランド型五艇で編成された。以後潜水艇隊としては第一から第四潜水艇隊、第十一から第十三潜水艇隊まで編成された。その後、前述したように大正八年に潜水隊に改称され、以後終戦まで潜水艦の基本編成として潜水隊が存続する。

最終的には終戦まで二八個潜水隊が編成された。潜水隊司令は大佐である。通常一個潜水隊には潜水艦三隻が基本編成で、まれに四隻で編成されることがあった。戦争末期にはかなり変則的に配備されることがあったが、あくまで末期であり基本は三隻の潜水艦で潜水隊を編成し、さらに三個ないし四個潜水隊で潜水戦隊を編成していた。

14 飛行機と潜水艦には乗ってくれるな

第六潜水艇が事故沈没して以来、潜水艦の事故は、じつは後を絶たなかった。大正十二年八月三十日、神戸川崎造船所で第七〇潜水艦が建造された。第七〇潜水艦は特中型の三番艦として建造され、後に呂三一潜と命名された国産の中型潜水艦である。淡路島仮屋沖で深深度潜航実験のため潜航、浮上を行なった。第七〇潜水艦が低圧排水で浮上後に、「ハッチを開け」の命により前部、艦橋、後部ハッチがそれぞれ開かれ、数名が甲板上に出た後に艦が突然沈み始め、短時間で船体は沈没してしまった。生存者は甲板上にいた四名だけで、潜水艦乗員四六名、川崎造船所員四二名、計八八名も殉職するという潜水艦導入以後、最大の惨事となったのである。原因は乗員による低圧空気弁、ベント弁の操作ミスにより海水が逆流、さらに排水ポンプの異常を見て、故障と判断しポンプの運転を停止したことで逆流が急激となり沈没に至った。

翌年の大正十三年三月十九日には、佐世保港外伏瀬灯台南方で基本演習中、第四三潜水艦が軽巡洋艦「龍田」と衝突して沈没。第四三潜水艦の乗員四六名は全員、殉職した。この事故がより悲惨であったのは、潜水艦の前部と後部に三三名の生存者がいたことで、救難浮揚により艦内と電話が通じて生存者の状況が刻々と伝わった。しかしながら潮流が速く、当時の技術や装備では潜水艦内の生存者を救助する手立てもないまま、時間だけが過ぎ「一人倒れた。また一人倒れた」というように浸水してくる海水、高まりゆく気圧、増加する炭酸ガス、激減していく酸素の中で多くの乗員が遺書を残し、亡くなった。昭和に入り、潜水艦が大型になり事故による殉職者が増えていく。

昭和十四年二月には豊後水道で伊六〇潜が伊六三潜に衝突、伊六三潜が沈没し八一名が殉職した。また昭和十五年九月二十五日には、連合艦隊応用訓練中、水上機母艦「瑞穂」の飛行機の制圧を請けた伊六七潜は、潜航したがそのまま沈没してしまった。攻撃運動を取った「瑞穂」の航空機からは、退避潜航していく潜水艦に何ら異常を見つけていない。結局、原因は解らず、後部昇降口が閉鎖されておらず、そこから大量の浸水を許し沈没したと推定された。

開戦直前の昭和十六年十月二日には、壱岐水道で伊六一潜が特設砲艦「木曾丸」に衝突されて沈没した。第五潜水戦隊司令官の指揮の下、潜水戦隊旗艦の特設潜水母艦「りおでじゃねろ丸」と共に佐世保を出港し、艦隊の集合地である山口県の室積沖に向けて航行していた。午後十一時二十一分、「木曾丸」は「りおでじゃねろ丸」と反航後、続けて視認した伊六一潜の赤灯（左舷灯）を小型発動機船と思い込み、そのまま直進して潜水艦と視認したときはすでに遅かった。伊六〇潜が伊六三潜の灯火を小型船と思い込んだ状況と酷似している。伊六一潜にも過失があり、行合船を認めた場合、灯火通常管制中であってもマスト灯を点出すべきであったが、なぜか消灯していた。「木曾丸」は速力一一ノットで後進をかける間もなく、伊六一潜の後部発射管室左舷中央部に衝突した。伊六一潜は艦内の防水扉は全部開放されており、昇降口は前部発射管室以外すべて開放されていたため、瞬く間に浸水、沈没し、久米幾次司令、広川隆艦長以下六九名が殉職した。開戦を前にして海大型潜水艦三隻を失ったことは大変大きな痛手であった。

このような相次ぐ事故は大きく報道されることはなかったが、国民に広く、潜水艦は飛行機と並んで危険な乗り物と考えられていた。潜水艦の場合、事故率というより一度沈没してしまうと乗員が助からないこと。さらに狭い艦内に閉じ込められ、じわじわと海水が迫り、空気が無くなっていくことを想像すれば誰でも息苦しく感じるのは当然であろう。軍人になることが大きな名誉であった当時でさえ、愛するわが子に飛行機と潜水艦だけは進んでくれるなと切願した人は少なくない。

しかし、沈没事故は開戦を迎えても止まることはなかった。昭和十八年以降には海大七型の二隻が、事故沈没を起こした。一隻目は昭和十八年七月十四日、国東半島東方の周防灘で伊一七九潜が訓練を実施していた。訓練内容は急速浮上を実施し揚搭する訓練で、無事浮上した後に作業員が上甲板に出た直後、何らかの原因により最前部の一番ベント弁が開き、一番メインタンクの空気が抜け海水が注水されてそのまま艦は前部から急速に沈下して、作業員が上甲板に出た各ハッチから浸水をして沈没した。九二名が犠牲となった。

昭和十八年十月六日、海大七型八番艦、伊一八三潜は川崎重工で建造され竣工直後、単独訓練のため伊予灘に向かっていた。途中に広島湾安渡島より約二〇〇〇メートル離れた位置で試験潜航を行なった。しかし信じられないことに給気筒頭部弁が全開のまま潜航したのである。たちまちのうちに沈没し、着底してしまった。原因は頭部弁の操作を本来は右に回して閉鎖するところを左に回して一杯になったのを完全閉鎖と誤認したのである。沈没着底した潜水艦を自力で浮上させることはまず困難である。

万策尽きたと諦めかけたとき、潜望鏡で見えた艦首の状況から魚雷発射管で脱出できるのではないと判断された。発射管の前後の扉を開くと乗員の脱出が可能で、つぎつぎと乗員は脱出ができたのである。艦長は艦と運命を共にすると頑強に主張したが、先任将校の説得により脱出した。しかし一八名の乗員が脱出することができず、その後、引き揚げ作業を急いだが、結局あらたに二名が救助されたが、機関長以下一六名が犠牲となった。

伊一八三潜は引き揚げ後に修理を行ない、昭和十九年三月末に再竣工後に初出撃を果たしたが、わずか一ヵ月後の四月二十八日に豊後水道で米潜水艦の魚雷を受け沈没した。まことに不運な潜水艦であった。最後に紹介するのは伊一六九潜である。昭和十九年四月四日にトラック島環礁内の泊地で、空襲を避けるために潜航・着底しようとしたが艦橋後部にある荒天通風筒のバルブが一部開かれた状態のままで潜航したため沈没したと考えられる。犠牲者はじつに一〇二名にもおよび、戦時中に一三遺体、戦後に遺骨収集作業により七七柱の英霊が日本に帰国した。

太平洋戦争篇

伊一六八潜が攻撃する直前の空母ヨークタウン／伊二六潜の雷撃をうけた空母サラトガ／新造時の駆逐艦ジュノー

伊一九潜の雷撃をうけた空母ワスプ／護衛空母リスカムベイ／重巡洋艦インディアナポリス

乙型・伊三七潜に搭載された零式小型水上偵察機の発進と収容準備

遣独潜水艦、乙型・伊三〇潜／巡潜三型・伊八潜／乙型・伊二九潜

甲標的・丙型六九号／輸送艦からの甲標的の発進試験／オアフ島東部で擱座した甲標的

キスカ島に放置された甲標的の基地／ガダルカナル島に擱座した甲標的／ラバウルに残された運貨筒

大浦崎基地での回天の搭乗訓練／回天の発進試験／伊三七〇潜に搭載された千早隊の回天

ウルシー環礁で回天の攻撃をうけた油槽艦ミシシネワから立ち昇る黒煙

15　満を持して臨んだハワイ作戦

太平洋戦争開戦時、連合艦隊には七個の潜水戦隊、六四隻の潜水艦を保有していた。第六艦隊第一～第三潜水戦隊、潜水艦二九隻は連合艦隊の兵力部署で「先遣支隊」と呼称されてハワイ作戦に参加し、その後も主として東太平洋で作戦を行なった。第四、第五、第六潜水戦隊は南西方面の進行作戦（マレー、フィリピン）に、第七潜水戦隊はウェーキ島攻略作戦に投入されたのである。

とくにハワイに投入された三個潜水戦隊は、最新型もしくはそれに準じる潜水艦で占められていた。艦長も兵学校五〇期前後の潜水艦で経験が豊富な人材で固められ、とくに第一潜水戦隊は甲型に指揮された乙型と丙型で編成され、当時最新鋭であり、第二潜水戦隊も大きな航続力で飛行機を搭載した巡潜一型から三型で編成されていた。第三潜水戦隊は巡潜型の旗艦に高速を誇る海大六型で編成されていたのである。

これら二九隻の最精鋭部隊がぐるりとハワイを取り囲んだ。また特殊潜航艇を搭載した潜水艦も五隻その中に含まれている。彼ら先遣部隊は、機動部隊に空襲で反撃もしくは退避してくる艦艇を湾外で待ち伏せし、空襲で打ちもらした残存部隊を撃破できると期待されていたのである。

ところがハワイでは米艦艇を一隻も損傷させることはできなかったばかりか、逆に一隻の潜水艦を失ってしまう。その原因と考えられることは、対潜哨戒が極めて厳重で駆逐艦約五〇隻、旧型駆逐艦を改造した掃海艇が一九隻も対潜哨戒についていた。飛行機にいたっては、二五中隊二四七機ものカタリナ双発飛行艇が一日平均四時間の対潜パトロールを交代で実施しており、陸軍も双発の爆撃機や観測機などを投入してパトロールを実施していたのである。つまり長年にわたり、研究され訓練してきた敵港湾監視は、敵の厳重な警戒の前にまったくといってよいほど本来の働きをさせてもらえなかった。かくて敵艦隊の追躡触接、反復襲撃という潜水艦による米国艦隊の漸減作戦の根本であるところの、敵出撃艦隊の捕捉が充分できないということは、その後の一連の作戦に大変な支障をきたすことになるのである。

しかし、まったく敵を発見できなかったわけではなかった、十二月十日未明にオアフ島東方で米空母を発見した。これに策応したのが第一潜水戦隊の九隻である。米空母をもとめて米本土沖まで追躡したが、ついに発見することはできず米本土西海岸まで達してしまった。

そこでせっかく米本土近くまで進入を果たせたので、九隻により米西海岸交通破壊戦を実施したのである。多数の潜水艦による交通破壊戦であったが、意外にも戦果が少なかった。その理由は実施期間が約一週間と短かったこともあるが、商船の襲撃が未経験で失敗が多かったこと、商船に対しての場合は魚雷を一発しか発射してはならないと戦法が定められていたことなどが原因と考えられ、結局商船二隻撃沈、七隻損傷とロースコアに終わった。

これは敵の重要航路であったとしても、戦果を挙げるためにはある一定期間、長期にわたり哨戒任務を実施しなくては期待できる効果は発揮できないことを意味している。

甲標的による特別攻撃隊

ワシントン、ロンドン軍縮会議において、対米英に対して戦艦など主力となる兵力を六割の比率に制限された日本海軍は、日本海海戦の再来を目論み、漸減作戦なるものを構想した。すなわち、主力艦の劣勢を補うため艦隊決戦の前に少しでも敵主力艦の減勢を図るというものであり、その一つの手段として考案されたのが小型潜水艇による漸減作戦である。

決戦に先立ち母艦三隻から発進した、小型潜水艇三六隻七二本の魚雷が米艦隊を襲い、敵主力艦を一隻でも二隻でも減じようとする作戦構想だ。昭和六年に艦政本部で発起され、昭和七年に設計に着手、二度の試験を経て昭和十五年に制式化され甲標的と命名された。しかしその後、甲標的の量産は進まず甲標的母艦からの発進訓練もとくに行なわれることなく開戦を迎えることとなる。そして新たに甲標的に出撃の機会が与えられた。港湾襲撃である。

開戦劈頭、潜水艦に搭載されたわずか四六トンの甲標的五艇が真珠湾攻撃に特別攻撃隊として使用されることとなった（後に海軍はハワイ特別攻撃隊を第一次、シドニーとディエゴスワレスの特別攻撃隊を第二次と称し、一次・二次の一〇艇を特殊潜航艇と呼称した）。日本海軍の伝統として、どんな危険な任務であっても決死の作戦は行なわれても必死の作戦は許されなかった。

真珠湾で出撃する甲標的は母潜である親潜水艦との会合地点を定められての発進だった。母潜水艦は最新の丙型五隻を急遽改造して、後甲板に甲標的を搭載することとした。しかし急造であったため、潜水艦内から直接甲標的に搭乗員は移乗できず、一旦浮上して艦外から乗り組むことを強いられた。これは長時間、狭い甲標的内に搭乗員を留める結果となる。

特別攻撃隊

指揮官　第三潜水隊司令　佐々木半九大佐

伊一六潜　横山艇（艇長　横山正治中尉　艇付　上田　定二曹）

伊一八潜　古野艇（艇長　古野繁実中尉　艇付　横山薫範一曹）

伊二〇潜　広尾艇（艇長　広尾　彰少尉　艇付　片山義雄二曹）

伊二二潜　岩佐艇（艇長　岩佐直治大尉　艇付　佐々木直吉一曹）

伊二四潜　酒巻艇（艇長　酒巻和男少尉　艇付　稲垣　清二曹）

五艇のうち岩佐艇（艇長岩佐直治大尉）は湾内に進入し、魚雷を発射することができたが命中せず、逆に水上機母艦「カーチス」に発見され、駆逐艦「モナガン」の体当たりを受けて沈没した。同艇は米軍により艇内に遺体を残したまま引き揚げられ、岸壁工事の基礎に埋められた。古野艇（艇長古野繁實中尉）は駆逐艦「ウォード」に発見され攻撃を受けて沈没した。

この攻撃は航空部隊の第一次攻撃隊の七〇分前に行なわれたため、太平洋戦争で最初に攻撃を加えたのは米国である。広尾艇（艇長広尾彰少尉）は横舵が故障して発進が大幅に遅れた。よって水上航走で湾内に進入を試みたが不可能となり、注水、脱出を図ったが行方不明となった。戦後米軍が引き上げた後、魚雷が装備された危険な頭部を切断して日本に返還された。現在は江田島第一術科学校に前部を復元、展示されている。酒巻艇（艇長酒巻和男少尉）はジャイロコンパスの故障が治らぬまま発進、艦位を定められず座礁。酒巻艇長と艇付の稲垣兵曹は脱出をしたが稲垣兵曹は戦死、酒巻艇長は意識不明のまま捕虜となってしまった。そのため本来五艇一〇人が九軍神といわれる所以である。

横山艇（艇長横山正治中尉）は岩佐艇同様に湾内に進入を果たしたが掃海艇に発見され、それでも魚雷を軽巡「セントルイス」に発射したが命中しなかった。その後の行動は不明であったが平成二十一年に水深四〇メートルの海底で発見されたことにより、五艇全艇の所在が判明したことになるが、岩佐艇と酒巻艇以外の三艇についての特定にはそれぞれ異論がある。

真珠湾攻撃の直後、海軍は「少なくともアリゾナ型戦艦一隻轟沈」と報道したが、現在の研究結果でもそのような戦果が確認された事実はないが、警戒厳重だった真珠湾内に少なくとも岩佐艇、横山艇の侵入を許したことは米海軍にとっては大きなショックだった。

16　太平洋戦争戦没第一号潜水艦の隠された悲劇

昭和十四年二月二日、第二十八潜水隊の伊六三潜、伊五九潜、伊六〇潜は鵜来島付近における第三戦隊夜間襲撃訓練を終了し、同日午後五時三十分開始予定の第一戦隊及び第一水雷戦隊に対する襲撃訓練に応ずるため、各艦単独に新配備点に向け通常航行中であった。三時五十分、伊六三潜は、水の子灯台三一〇度六・二マイルに到着。舷灯及び艦尾灯のみ点出して漂泊を開始した。当時の海上模様は日の出前約一時間、月没後一時間半で暗夜にして視界約五キロとある。

一方、伊六〇潜は、自艦の配備点である水の子灯台三二〇度九・五マイルに向け、針路三三〇度、速力一二ノット（原速）で航行中であった。ところがここに重大な過失があった。同艦の海図には航海長の錯誤により、配備点として伊六三潜の位置が記入されており、当直将校もその錯誤に気がついていなかった。つまり伊六〇潜は、伊六三潜の占位位置に向け暗夜一路航行を続けていることになる。

三時五十三分、艦橋にあった当直将校と航海長は左艦首に白灯二個を認め、この中の一個は小型漁船、その左は艦種不明で遠距離と判断してしまい、眼鏡で確認することもなく艦長に報告もしなかった。四時十一分、当直将校は漁船と思った、じつは伊六三潜の艦尾灯の正横距離が意外と近いことに気がつき、面舵を取ろうとした時、白灯の右ほぼ艦首方向に緑灯を確認した。これは伊六三潜の右舷灯だったのである。

しかしこの時点でもよもや潜水艦が眼前に漂泊しているとは夢にも思わず、緑灯は二マイル以上あり、また白灯との距離がしだいに離れる様子なので右に航行する船舶と判断し、それが少し右にかわってから面舵をとり白灯を避けるつもりであった。すると緑灯付近からオルジス発光信号で「ダレ　ダレ」と送ってきた。返答に「ワレ　イロクジュウ」返答したが。再返信で「ワレ　イロクジュウサン……」と発光信号を読み取ることができなかった。

ここにおいて伊六三潜に注意しつつも、発光信号に幻惑されて船体を確認できないまま、白灯に接近を続けてしまった。伊六三潜の緑灯はなお相当遠距離にあると思い、さらに少しずつ右に変わると判断したため、そのまま針路を保ち二ヵ所の白灯の間を航過することが適当と判断した。しかしその二個の白灯は、伊六三潜の舷灯と艦尾灯だったのである。

一方、伊六三潜は、航行中に引き続き舷灯及び艦尾灯のみを点出し漂泊中であったが、当時艦橋には当直将校以下七名が見張りに従事していた。まもなく見張員は、眼鏡にて水の子灯台の西方に白灯一個、距離五〇〇〇で発見。次いで両舷灯も認めて、やがて潜水艦であることを確認した。

当直将校は潜水艦が自艦に向首・接近するのを認め、発光信号で「ダレ」を発信し、相手から「イロクジュウ」の返信を受けるや「ワレ　イロクジュサン　ヒョウハクチュウ」を三連送した。しかし針路は変わらず、ますます距離が接近するため「面舵を取られたし」と発信し、艦長に急報した。艦長が艦橋に上がった際にはすでに両艦の距離は一五〇メートル、方位角ゼロ度で自艦の艦橋後部に向け、交角九〇度で直進しつつある伊六〇潜を認めた。「両舷前進一杯」「面舵一杯」「サイレン」「防水」を命じたが時すでに遅く、伊六〇潜は伊六三潜の補機室右舷後部にほとんど直角に原速のまま艦首をもって衝突をした。

このためほとんど瞬時に伊六三潜は沈没したのである。艦長は艦橋から投げ出され殉職はまぬかれたが先任将校以下、八一名もの殉職者を出した。しかしこの事故で、助かった艦長は以前にも原因不明の浸水事故が原因で懲罰を受けており、悲運の艦長として部内の評価を得てしまった。時は進み日米風雲急を告げる昭和十五年十月三十日、彼は伊七〇潜の艦長に発令された。当時乗員は少なからず動揺したという。部内で不運の艦長と目されていた艦で日米開戦を迎えることに不吉な予感を感じたそうである。

しかし当の艦長は艦長としての能力も人柄も極めて優秀であったという。そして迎えた昭和十六年十二月の開戦。伊七〇潜はハワイ真珠湾付近に進出を果たすも、早くも開戦翌日の九日、オアフ島ダイヤモンドヘッドの二三〇度四浬にて米空母らしきものを発見との報を最後に消息不明となった。事故に二度も遭遇した悲運の艦長は、太平洋戦争潜水艦戦没最初の潜水艦の艦長になってしまった。そしてその悲運な伊六三潜に衝突した伊六〇潜も、事故や座礁を除く太平洋戦争の戦闘で失われた潜水艦第二番艦となったのである。

17　米西海岸交通破壊戦

開戦劈頭、三〇隻もの潜水艦を投入したハワイ作戦はほとんど戦果がなく、逆に伊七〇潜を喪失するなど潜水部隊への期待が大きかっただけに各潜水艦はハワイで打ちもらした米空母発見に血眼になっていた。そんな中、十二月九日未明、伊六潜がオアフ島東方で米空母一隻が高速で航行している姿を発見した。ただちに第六艦隊司令部に「米空母発見」の知らせが入った。

伊六潜からの報告では「敵空母は本国に引き揚げるもののごとし」との内容があった。そこで司令部は第一潜水戦隊に対して「レキシントン」と思われる（じつは「エンタープライズ」）米空母の追跡を命じたのである。しかし実際は「エンタープライズ」は本国から東太平洋方面に向かっていて、恐らく対潜警戒で之字運動中の針路を見誤ったと思われる。さらに艦隊司令部は、ハワイと米本土の中間地点に配備していた伊一〇潜と伊二六潜にも米空母の待ち伏せを命じた。いるはずのない米空母への徒労の追跡が始まったのである。

しかし当前であるが米空母発見の報告は入らない。そこで十二月十三日、連合艦隊司令部から第六艦隊司令部に、このまま東進を続け、米本土西海岸沖での交通破壊戦を命じたのである。先遣部隊と称された米空母追跡潜水艦は、以下九隻の潜水艦を北から配置して交通破壊戦を実施することとなった。

シアトル沖に伊二六潜、アストリア沖に伊二五潜、ブランコ岬沖に伊九潜、メンドシノ岬沖に伊一七潜、サンフランシスコ沖に伊一五潜、サンフランシスコ沖とロサンゼルス沖の間には伊二三潜、伊二一潜、サンペドロ沖に伊一九潜、サンディエゴ沖に伊一〇潜を配置し、途中、伊二五潜、伊九潜は南下の指示を出している。しかしここでも先遣部隊の各潜水艦の戦果は振るわなかった。理由としては米西海岸での敵航路を的確に把握していなかった点や、魚雷の早爆などが原因で、結局のところ商船二隻撃沈、七隻撃破にとどまっている。

最初の戦果は、伊二五潜が十二月二十日に米タンカー「エミディオ」を撃沈した。その後伊一七潜がメンドシノ沖にて十二月二十一日にタンカー「ラレードネー」を撃沈した。同日に伊二三潜がモンテレー湾で米タンカー「アギワード」を大破擱座させた。

翌日の二十二日には伊一九潜がタンカー「H・M・ストーレイ」に魚雷を発射しようとした。しかしあろうことか二本目の魚雷が発射管内でプロペラが回り始めた。このままでは爆発の危険があるため魚雷を投棄、この混乱でタンカーを取り逃がしてしまう。しかし一本目の魚雷が運よく命中して、損傷を与えることができた。二十三日には伊二一潜がタンカー「モンテベロ」を魚雷で擱座、タンカー「アイダホ」にも損害を与えている。しかし伊二一潜は敵の哨戒艇に見つかり、爆雷を投下され舵を故障させられた。翌二十四日、伊二三潜が米船「ドロシイ・フイリップス」を撃破する。

最後の戦果は二十五日に伊一九潜がタンカー「アブサロカ」を撃破している。わずか一〇日あまりの行動であったが、米本土近くでの日本の潜水艦の跳躍は米国民の動揺を誘った。

さらに大本営海軍部は、作戦の仕上げとして各艦、米本土艦砲射撃を企図した。

潜水艦の大砲の口径は小さくせいぜい一七発程度のものではあるが、複数の潜水艦があちこちから艦砲射撃を加えれば、国民の動揺はさらに増加する。警戒厳重なロサンゼルスやサンフランシスコを避け、アストリアやモントレーなど八ヵ所が指定された。第六艦隊司令部からは「十二月二十五日夜を期して砲撃せよ」との命令が打電された。

ところが連合艦隊司令部より「クリスマス当夜の砲撃を中止せよ。十二月二十七日以降に行なうべし」と命令が入った。すでに各艦は残燃料ぎりぎりまで行動を続けてきた。二十七日以降となれば実施は困難である。延期は中止と同じである。理由はクリスマスに砲撃を加えて一般人に被害がおよぶこと、また在留邦人への待遇悪化を懸念しての判断とされている。

いずれにせよ各潜水艦の乗員には大きな不満が残ったという。

18　米空母「サラトガ」撃破

　太平洋戦争開戦劈頭、真珠湾を第一、第二、第三潜水戦隊三〇隻の潜水艦で取り囲むなど、大なる戦果を期待された潜水部隊であったが、戦艦・航空母艦などの大物の戦果はまったく聞こえてこなかった。昭和十七年になり第一潜水戦隊は米西海岸より帰投しつつあり、第二潜水戦隊は引き続きハワイ周辺を監視し続けていた。

　航続力に劣る海大型を有する第三潜水戦隊と、特殊潜航艇を発進させた母潜水艦はクェゼリンに帰港していた。そんななか、一月一日に、第二潜水戦隊の伊三潜が、ハワイオアフ島付近で米空母「レキシントン」を発見した。この報に対して第二潜水戦隊指揮官は、伊六潜のみをハワイに残し、五隻の潜水艦で米空母と接敵するように命じたのである。すなわち五隻の潜水艦を横一列に配備し、米空母がその散開線に引っかかることを企図したのである。

　続いて第二潜水部隊と交代予定の第三潜水部隊がクェゼリンを出港した後、そのうちの一隻伊一八潜が再び米空母を発見した。発見された米空母は「レキシントン」と交代してハワイ西方をパトロールする「サラトガ」である。第二潜水戦隊指揮官は、北から伊一潜、伊四潜、伊六潜、伊五潜、伊三潜、伊二潜、旗艦の伊七潜を配置につけた。

昭和十七年一月十二日、散開線のほぼ中央に配備されていた伊六潜が「サラトガ」を発見した。第一四機動部隊と称する部隊で、空母「サラトガ」に重巡が三隻、駆逐艦の護衛と給油艦が随伴していた。伊六潜の艦長は稲葉通宗少佐で、伊一二一潜、伊三六潜の艦長を務め、戦後まで生き残った幸運な艦長として有名である。

一月十二日早朝、伊六潜は「サラトガ」を発見したが、彼我の距離は二万五〇〇〇メートルもあった。伊六潜の水中速度は六ノットである。敵速は約一四ノット、距離も遠方でとても襲撃可能な位置に占位できるとは思えなかった。伊六潜の魚雷は八九式魚雷で雷速が四五ノット、射程が七〇〇〇メートルだったのである。「魚雷戦用意」の発令はしたものの、実際に発射する機会を得られないまま時は過ぎた。ところが日没後四〇分経過し、突如として「サラトガ」が内方に変針したのである。つまりこちらに近づいてきたのである。根気よく敵空母の動静を注視していくと距離はしだいに近くなり、ついには四三〇〇メートルまで近づいた。

発見が日没後一一分ということもあり、米空母が西、伊六潜が東ということも幸いした。伊六潜は東で暗くなり、「サラトガ」は西で日没後一時間は薄明が残ったことにより、潜望鏡を出したまま追尾ができた。しかし、その後、距離は一向に縮むことはない。しかも前部発射管四門のうち一門は故障しており、結局三本しか発射ができない。ただこれ以上待機しても、逆に距離が離れては元も子もない。

ついに稲葉艦長は、距離四三〇〇メートル、魚雷三本を開度三度で発射したのである。命中は三分後である。この発射諸元では目標到達時には魚雷と魚雷の間隔は約二三〇メートルになる。米空母の全長は二三〇メートルなので、遠距離雷撃の場合一本が命中すれば良しとする方法をとった。そして三分数十秒後、あろうことか二度の命中音が聞こえた。何と二本の魚雷が命中したのである。

後にわかったことであるが、魚雷が偏斜し米空母の左舷中央同一個所に二本命中したのである。奇跡の雷撃といってよい。しかし「サラトガ」は大量の浸水をしたものの沈没するには至らなかったが、一本の魚雷での被害があまりに甚大であったので、日本の魚雷は米に比べて二倍ないし一・五倍の炸薬量があると思われた。

米側も当初まさか二本の魚雷が同一個所に命中したとは思わなかった。そのため、「サラトガ」の本格的な修理を余儀なくされ、五ヵ月の長期にわたり戦線に復帰することはできなかった。伊六潜は襲撃の後、直ちに爆雷防御を行ない可能な限り潜航するに至ったが、すぐさま駆逐艦らしきスクリュー音が駆け回るのを聴音できた。やがて魚雷命中から七分後に強烈な爆雷音が聞こえたが、いずれも距離は遠く直接の被害はなかった。魚雷を放った潜水艦が四〇〇〇メートル以上離れているとは思わなかったのであろう。

19　ウェーク島作戦の悲劇

太平洋戦争開戦時、日本海軍の潜水部隊は七つの潜水戦隊を有していた。新鋭潜水艦で編成された第一～第三潜水戦隊はハワイ作戦に投入され、第四～第六潜水戦隊は南方進攻作戦に参加した。最後の第七潜水戦隊はハウランド島（ギルバート諸島のタラワ島東方）とウェーク島（北太平洋、南鳥島の東南東約一四〇〇キロに位置する島）攻略作戦に協力するよう命じられた。

七潜戦はL四型という潜水艦で編成されていた。L四型はL型の最終型で三菱神戸造船所で建造された。同型艦は九隻建造され、一番艦呂六〇潜は大正十二年九月。最終番艦の呂六八潜は大正十四年十月に竣工していた。開戦時で約一八年の艦齢を迎えていた旧型であったが機関の故障も少なく、バランスの良い操艦性能にも優れた潜水艦として乗員に愛された。当時の乗員からは型は古いが扱いやすい艦として重宝され、開戦時にも全隻揃って前線任務に従事した。

ウェーク島攻略作戦支援では第二十七潜水隊の呂六五潜、呂六六潜、呂六七潜が投入された。司令は深谷惣吉中佐（兵六八）だった。主な任務は、開戦前にクェゼリンを出撃し、ウエーク島周辺の敵艦船の迎撃に当たった。また第三十三潜水隊の呂六三潜、呂六四潜、呂六八潜はミッドウェー島とウェーク島の中間に配置され、第二十六潜水隊の呂六〇潜、呂六一潜、呂六二潜はルオット島（クェゼリン北方）に待機していた。ところがウェーク島攻略は思ったより苦戦をした。

日本側は軽巡二隻、駆逐艦六隻、その他に設営隊を載せた特設巡洋艦や元駆逐艦の哨戒艇など戦力は整っており、上陸、攻略作戦はスムーズに進むと考えられた。昭和十六年十二月十一日、攻略戦は開始されたが、しかしまず上陸部隊が波浪により苦戦を強いられることになる。上陸用の舟艇が転覆するなどアクシデントが続き、艦砲射撃を行なっていた軽巡「夕張」、駆逐艦「疾風」がウェーク島の砲台から反撃を受け、「夕張」が損傷、「疾風」が轟沈し、同じく駆逐艦「如月」も敵機の攻撃を受け、轟沈に近い形で沈められた。

ただちに上陸作戦は中止され、あらたに第二次攻略作戦を実施する計画が立てられていた。その際、十二月十三日に第二十七潜水隊の呂六五潜、呂六六潜、呂六七潜の三隻にウェーク島東方の監視を解き、クェゼリンに戻るよう命令がくだされた。記録によれば三度にわたり通達されたといあるが、呂六六潜のみがこの哨戒交代の命令を受け取られていなかったのである。十二月十七日夕刻、交代の呂六二潜が担当哨区に到着した。双方とも同じ哨戒区に味方の潜水艦がいるとは思っていない。それでも浮上航行していれば相手を確認することは可能であろう。

しかしこのとき、スコールが両艦を包んでいた。スコールの中でお互いの存在に気がついた時は遅く、呂六六潜は呂六二潜に激突される形となり、呂六六潜はあっという間に沈没してしまう。このときの呂六二潜の先任将校によれば、当直明けで自分の寝台で休んでいたところ、いきなり大きな音がして艦が大きく動揺した。思わず座礁と思ったそうである。

しかしこんな太平洋の真ん中で座礁はないと思い、あわてて艦橋に上がってみると数字の「七」が艦橋に書かれている潜水艦が沈没しかけている。もしかして米潜水艦に衝突して撃沈したのではないかと思ったら、海上から「おーい」と日本語が聞こえる。すぐさま救助すると何と呂六六潜の乗員であり、衝突したのが味方の潜水艦とわかったのである。犠牲者は艦長以下六三名、艦橋の当直についていた三名のみが救助された。

数字に見えたのは「七」ではなく深谷司令の「フ」の字で、司令は隷下の潜水艦三隻に「フ」「カ」「ヤ」と書かせていたのである。悲劇はまだ終わらない。第二六潜水隊の呂六〇潜はウェーク島攻略作戦の帰り、クェゼリンの北端で座礁してしまう。呂六〇潜は波浪強く離礁することは困難と判断して船体を切断処分された。結局、同作戦で第七潜水戦隊は事故で貴重な二隻の潜水艦を失うことになったのである。

20　K作戦

K作戦とは、昭和十七年三月に行なわれた二式大型飛行艇による真珠湾空襲作戦である。真珠湾へさらなる損害を与えるため、二式大型飛行艇（以下二式大艇）二機が二五〇キロ爆弾を四発ずつ積んで空爆を行なう作戦が立案された。二式大艇は川西飛行機で製作された四発の大型の飛行艇で、昭和十七年正式採用されている。ただし航続距離三八〇〇浬を誇る二式大艇でもマーシャル諸島から無補給ではハワイへ往復できない。そこでフレンチ・フリゲートにて無線誘導ならびに燃料補給を行なうため、潜水艦五隻が派遣された。

給油には伊一五潜と伊一九潜が燃料を搭載し、一隻一艇で補給する。予備に伊二六潜が待機。別に伊九潜がフレンチ・フリゲート西方で無線誘導にあたる。万が一飛行艇が墜落などの場合、搭乗員救助用に伊二三潜が待機する。

この作戦を実施するためには潜水艦の改造が必要となった。すなわち燃料補給を担当する伊一五潜、伊一九潜、予備の伊二六潜はすべて乙型の潜水艦である。艦橋前には航空機の搭載設備として飛行機格納筒があった。航空機を分解収納するスペースである。ここの格納筒を三〇〇〇ガロンのガソリンタンクに改造し、ポンプ四本を設置した。ガソリンを潜水艦から飛行艇に送り込むには圧搾空気を使用する。移送能力は一分間で約二〇〇リットルになり、二式大艇の燃料タンクを満タンにするには約八〇分かかることになる。

昭和十七年二月二日、二機の二式大艇（一番機、橋爪寿夫大尉機。二番機、笹生庄助少尉機）は横須賀を出発。二月十四日にはマーシャル諸島ヤルート島に無事進出した。その後、三月二日にウオッゼ島に進出、四日に同島を出発して潜水艦との会合点であるフレンチ・フリゲート礁をめざした。三月四日未明、大艇二機は伊九潜の放つ長波に誘導され、伊九潜の上空を通過。さらに飛行を四時間続け、フレンチ・フリゲートに無事到着することができた。

伊一五潜と伊一九潜は約束どおり浮上して待機しており、目印に吹き流しを掲揚していたという。敵の威力圏下での潜水艦による長時間の給油は、極めて危険である。敵の奇襲に備えて潜水艦は約五ノットの速度で走りながら曳航給油を開始した。給油所要時間は約一時間、予定より早めに切り上げ約一万二〇〇〇リットルの燃料が補給された。潜水艦からは飛行艇搭乗員に弁当も支給された。予備の警戒中の伊二六潜も見守る中、午後一時五十分に着水して、四時にはハワイに向けて出発したのである。K作戦中、潜水艦とのランデブーと給油は成功を果たした。

二機の二式大艇は午後九時には無事オアフ島に到達したが、極めて運の悪いことに視界不良で、投弾したものの被害を与えられなかった。一機は真珠湾から離れたタンタラス火山に投下、別の一機も誤って海中に投下してしまった。しかし陸上レーダーが二機の飛行艇を捕らえたため、再び日本の航空母艦からの攻撃と考えられ、動揺を誘ったという。

心理的効果は大であったが、実質の被害は与えることができなかった。飛行艇は二機ともウオッゼ島に三月五日に無事帰還している。その後はミッドウェー島などへの偵察任務に従事した。四隻の潜水艦は三月二十一日に横須賀に帰還しているが、伊二三潜はK作戦の前に沈没している。

戦果は確認できなかったが、ハワイに到達できた成果を考え、五月に第二次K作戦も計画された。今回は給油用に機雷潜である伊一二一潜、伊一二二潜、伊一二三潜が担当し、無線誘導には伊一七一潜、人員救助には伊一七四潜、監視及び気象観測には伊一七五潜が割り当てられた。五月二十一日、マーシャル諸島クェゼリンから潜水艦は出港、九日後にはフレンチ・フリゲートに到着した。二式大艇と落ち合う一日前である。

しかし、到着して監視すると、米側は同礁が潜水艦と空襲を行なった飛行艇の会合補給点と予測し、ここに旧式の駆逐艦を改造した水上機母艦二隻（「バラード」と「ソートン」）を配備していたのである。二隻とも翌日になっても環礁を離れる気配はない。結局、第二次K作戦は中止と決定された。以後、同様の作戦は企図されることなくK作戦は二度と発令されることはなかった。

21 南方進攻潜水艦作戦

太平洋戦争開戦時、七つの潜水戦隊のうち第一～第三潜水戦隊はハワイ作戦に投入され、第七潜水戦隊はウェーク島攻略支援に投入された。残る第四～第六潜水戦隊は南方進攻作戦に従事した。具体的には第四、第五潜水戦隊はマレー作戦部隊に編入され、第一南遣艦隊の隷下に入った。潜水艦は海大型の三型、四型、五型で古い艦は大正十三年に就役したものもあり最新鋭艦とは言い難かった。また、機雷潜型四隻で編成された第六潜水戦隊から二隻の機雷潜が第五潜水戦隊に応援に来ていた。各潜水艦は、マレー進攻の日本船団をマレー半島東岸に上陸させるため、哨戒の任を得て散開線を展開していた。

そのなかで昭和十六年十二月九日、すなわちハワイ奇襲作戦の翌日に伊一六五潜が、英戦艦二隻の出動を発見した。英国東洋艦隊の戦艦「レパルス」と最新式戦艦「プリンス・オブ・ウェールズ」である。しかし発見の報はスムーズに南遣艦隊司令部に届かない。挙句に追尾の伊一六五潜に対して、軽巡「鬼怒」の偵察機が味方撃ちをする姿勢を示したため、伊一六五潜はあわてて潜航、これにより英戦艦を見失う。

続いて接敵したのは伊一五八潜である。伊一五八潜は十二月十日未明に「プリンス・オブ・ウェールズ」に対して襲撃できる位置に占位することに成功して六本の魚雷発射を実施しようとした。ところがあろうことか一門の発射管扉が開かない。一門開かなくても五本で発射すればよいと思うが、あわててしまったのか発射の機会を失ってしまう。後落してしまったのである。しかし諦めるのは早く、続く「レパルス」に狙いを定めて今度は五本発射に成功した。しかし何と今度は一本も命中することはできなかった。戦艦を潜水艦の魚雷で沈没できる機会は二度こなかった。

その後二隻の英戦艦はマレー沖海戦と称された中攻部隊に沈められたことは改めて書くまでもない。しかし戦果がまったくなかったわけではない。伊一六六潜（＊）は、十二月二十五日にボルネオ、クチン沖でオランダの東洋艦隊に所属する潜水艦K16を捕捉、魚雷攻撃により撃沈した。K16の撃沈は太平洋戦争で商船やタンカーではなく、初めての戦闘艦の撃沈となった。

最後の第六潜水戦隊はフイリピン方面に派遣された。機雷潜四隻のうち、二隻は第四潜水戦隊に派出され、残る伊一二三潜、伊一二四潜がマニラ湾口とボルネオ北方に機雷を敷設した。潜水艦の機雷敷設数量は少ないが、隠密裏に敷設が可能なため予想されていない機雷源となり、思わぬ戦果が期待できる。現に伊一二四潜の機雷に米商船「コレヒドール」が触雷して沈没している。

日本軍によりマレー及びフイリピン上陸作戦が終わると、第四〜第六潜水戦隊はひとまずカムラン湾に帰投。整備・補給の後、年が明けた昭十七年一月から再び活動を開始する。

第四潜水戦隊はジャワ・スマトラ、第五潜水戦隊はインド洋東部、第六潜水戦隊はオーストラリアに向かった。これらの各潜水戦隊は各々多くの戦果を挙げた。まず第四潜水戦隊の伊一五六潜が貨客船など四隻、伊一五八潜が二隻、伊一五七潜が一隻を撃沈。インド洋では第五潜水戦隊が五隻の潜水艦で九隻を撃沈、第四潜水戦隊もジャワ作戦で九隻を撃沈している。昭和十七年三月に入り、マレー・ジャワ進攻作戦は終了したので第四潜水戦隊は解隊され、海大三型aは練習潜水艦に種別変更され第一線を去った。残る海大三型bで編成された三隻はインド洋で活躍中の第五潜水戦隊に編入された。

一方、ハワイ作戦で活躍した第二潜水戦隊は横須賀に整備・補給・給養で帰港し、再び戦線に戻る際は南方作戦に投入された。すなわちジャワ南方に進出を命ぜられ、早くも三月に入り四隻撃沈の戦果を挙げている。その後も南雲機動部隊のセイロン島コロンボ空襲の支援を行なうなど広範囲にわたり作戦展開を図り、なかでも伊六は遠くアラビア海まで進出したのである。第二潜水戦隊は四月十日、再び第六艦隊に編入され五月一日横須賀に入港したのである。

＊海大型は昭和十七年五月に伊七五潜より艦番号が若いものに一〇〇番代を付与したが、煩雑を避けるため開戦時から一〇〇番代付与の艦名で記している。

22 インド洋交通破壊戦

日本海軍の潜水艦作戦は失敗であったとされる要因のひとつに、交通破壊戦の戦果が米海軍の潜水艦の戦果に対して極めて低いということが挙げられている。米潜水艦が太平洋戦争で撃沈した日本の船舶は一一五〇隻、四八六万トン、これに対し、日本の潜水艦は一七一隻、八四万トンに留まっている。

米海軍は戦争後半、太平洋島嶼戦を展開している最中、なぜ日本の潜水艦は米軍の延びきった後方の補給ラインを攻撃して来ないのか、かえって不気味に思ったという。逆に日本は太平洋の島々への補給と物資の輸送に困難を極め、敗戦をより早めたといえる。しかしながら必ずしも交通破壊戦を実施しなかったわけではない。

日本海軍の潜水艦が交通破壊戦を行なったのは開戦から昭和十九年いっぱいで、インド洋で三八隻、太平洋で四〇隻、太平洋戦争に出撃した潜水艦数は一五四隻であるから決して少ない隻数ではない。とくにインド洋においては開戦から昭和十九年初頭まで都合四回にわたり交通破壊戦を実施した。昭和十七年一月、第五潜水戦隊はペナンへ進出する。その前の一月五日から七日の間に伊一六二潜、伊一六四潜、伊一六五潜、伊一六六潜がカムラン湾を出港した。ここに「轟沈」の軍歌にうたわれたインド洋交通破壊戦が開始された。

インド洋周辺海域における交通破壊戦の始まりは昭和十七年一月から三月までである。参加潜水艦は第五潜水戦隊の海大三型、四型、五型といったやや艦齢が古い潜水艦であった。主にセイロン島周辺、インド洋南部で実施された。戦果は一月二十八日から三十日で伊一六四潜がインド西岸マドラス沖、セイロン島北東で貨物船を三隻撃沈、一隻を撃破、三十一日には伊一六二潜がセイロン島西岸で二隻のタンカーを撃破している。

二月から三月にかけて伊一五九潜がセイロン島南東で一隻、伊一六二潜が三隻、マドラス北東で伊一六四潜が一隻、セイロン島南やインド南部西岸で伊一六五潜が三隻、伊一六六潜が一隻各々タンカーを撃沈している。第二次は小規模のもので第二潜水戦隊の伊三潜が昭和十七年四月七日に貨物船を撃破し、八日には同じく伊三潜、伊四潜がセイロン島西で戦果を挙げている。

いずれも巡潜一型の潜水艦でドイツのUボートのコピーとして建造されている。モデルになったU124型はドイツにおいて長期行動が可能な交通破壊戦用の潜水艦で、搭載魚雷も日本海軍の中でも最大の二二本を装備していた。しかし皮肉なことに巡潜一型四隻はいずれも輸送作戦で喪失している。巡潜二型の伊六潜はボンベイ沖とアラビア海東部で二隻の貨物船を撃沈している。

第三次は長期かつ多大な戦果を挙げており、昭和十七年五月から十二月にかけて一〇隻の潜水艦が三三隻を撃沈、とくに伊一〇潜と伊二七潜の活躍は顕著で、伊一〇潜は一五隻撃沈、二隻撃破。伊二七潜は一三隻撃沈、四隻撃破したが、とくに福村利明少佐は一一隻を撃沈している。福村艦長は昭和十九年五月に同艦の沈没で戦死するが、その際に二階級特進を果たし海軍少将になっている。交通破壊戦の功績のみの戦歴で二階級特進者は福村艦長だけである。

第四次は昭和十九年一月から二月の期間に実施され、九隻の潜水艦が戦果を挙げている。伊八潜が五隻、伊二六潜が四隻なのが顕著であるが、以後インド洋でのまとまった交通破壊戦は実施されていない。潜水艦作戦全体でも昭和十九年四月以降、まったくといってよいほど戦果を挙げることをできず、船名が確認できている戦果は船舶の撃沈数は六隻に対し六六隻もの潜水艦を失い壊滅するのである。

潜水艦による交通破壊戦を振り返るとミッドウェー海戦後において、やはり潜水艦は交通破壊戦を徹底すべしという機運になり、多数の潜水艦をインド洋に集結をする作戦を立案した。すなわち第一、第二、第八潜水戦隊はインド洋、第三潜水戦隊は豪州方面に展開する計画だった。しかし米軍のガ島上陸でソロモン方面に多数の潜水艦を派遣せざるを得なくなり、インド洋での一大交通破壊作戦は縮小してしまった。結果論であるが、交通破壊戦への徹底転換の機会を逸したといってもよい。

23　第八潜水戦隊の活躍

新しく潜水戦隊、八潜戦が新編された。八潜戦は三個の支隊に区分され、甲先遣支隊は特設巡洋艦二隻と潜水艦五隻。乙先遣支隊と丙先遣支隊はそれぞれ潜水艦三隻を有し、乙と丙先遣支隊が同一方面に作戦行動する際は東方先遣支隊と言った。八潜戦は特殊潜航艇の第二次特別攻撃を実施することを主たる任務として編成され、甲先遣支隊はインド洋を経てマダガスカル島ディエゴスワレス湾へ、東方先遣支隊は豪州シドニー湾に向かった

この両先遣支隊に与えられた任務はまさしく日本海軍の潜水艦運用を象徴している。特殊潜航艇の任務に加えて飛行機偵察、対陸上砲撃、交通破壊戦、遣独任務など、じつに様々な任務が盛り込まれていた。すなわち日本海軍の潜水艦には多種多様に任務が与えられることを常としたのである。そのなかで典型的な例としては、甲先遣支隊の伊三〇潜は特殊潜航艇の攻撃が確実となるようにアデン、ジブチ、ザンジバル、ダルエスサラムには飛行偵察を行ない、その後は交通破壊戦を実施し、補給を得てインド洋からアフリカ喜望峰をまわり遣独潜水艦として大西洋まで進出させるという過酷な任務の連続である。

このような盛り沢山の任務の中で行なわれた第二次特別攻撃隊であるが、甲先遣支隊はマ

ダガスカル島ディエゴスワレス湾へ二艇（秋枝艇、岩瀬艇）、東方先遣支隊は豪州シドニー湾へ三艇（松尾艇、伴艇、中馬艇）の特殊潜航艇を派遣し、計五艇出撃し英戦艦撃破、英油槽船撃沈、豪宿泊艦撃沈という戦果を挙げているが、ハワイ同様、全艇未帰還である。

五月三十日、八潜戦の甲先遣支隊はマダガスカル島ディエゴスワレス湾に、東方先遣支隊は豪州シドニー湾に特別攻撃隊を発進させた。しかしながら突入した五艇は戦果を挙げることができたが、全艇未帰還で六月三日には捜索が打ち切られた。その後各支隊の潜水艦は、各々の海域において交通破壊戦を開始した。その結果、東方先遣支隊は撃沈五隻、撃破三隻。甲先遣支隊は一二隻撃沈。

さらに特設巡洋艦「報国丸」「愛国丸」からの補給を受けて行なった第二次交通破壊戦では、一〇隻撃沈の戦果を挙げることができた。インド洋、豪州方面での交通破壊戦の戦果をみて大本営は、ついに交通破壊戦の強化を企図したのである。

六月二十二日付けの軍令部総長から山本五十六連合艦隊司令長官に発せられた大海指で、その中の作戦方針として「他の作戦に支障ない限りであらゆる使用可能兵力及び機会を利用して極力敵の海上交通を破壊攪乱し敵を屈服せよ」とあった。

これを受けてインド洋と南太平洋の交通破壊戦の強化を企図し、八潜戦に加えて、一潜戦、二潜戦をインド洋に、三潜戦を豪州方面に使用することとし、五潜戦は、七月十四日に解隊され、第三十潜水隊と伊八潜が南西方面艦隊の付属となってインド洋方面に投入されることになった。とくにインド洋に投入される潜水艦は、三個潜水戦隊強の約三〇隻近くで、これらの潜水艦がドイツの潜水艦とあいまって、英国を屈服させることができるのではないかと期待された。

その根拠には、米英の開戦前の保有船舶量、それに対して日独による撃沈数、米英の造船力を加味した場合、月七〇万トン撃沈できれば約八ヵ月、月八〇万トン撃沈できれば約六ヵ月で米英絶対必要量を割り込めると分析をしていた。ドイツは当時、三〇〇隻のUボートを保有しつつあり、日本海軍もインド洋で潜水艦を集中して交通破壊戦をくり返せば、連合軍側に深刻な打撃を与えられるものと確信されるに至ったのである。

日本海軍の潜水艦は大型で強力な攻撃力を有しておりながら、その特性を活かした作戦に開戦よりなかなか従事することがかなわず、とくに部隊側からも、交通破壊戦に特化すべき意見具申が相次いでいた。開戦七ヵ月を経て、ついに交通破壊戦を大々的に実施する大戦略構想に向けて動きだしたのである。

シドニー事前偵察の快挙

開戦直前に実用化した零式小型水上偵察機一一型は、潜水艦の前甲板の格納庫に分解収納。急速浮上後五分以内に組立発進、航続距離は八五ノットで四八〇浬、軽量優秀機である。搭乗員は二名で選抜された優秀なベテランが乗り組んだ。シドニー事前偵察の場合、パイロットは予科練一期の伊藤進中尉で支那事変から実戦経験豊富で技量抜群だった。

五月三十一日、午前二時四十五分、合成風向に向かったカタパルトからピッチングの山の瞬間にあわせ発艦に成功することができた。そして高度五〇メートルでシドニーをめざした。やがて徐々に高度を上げるとシドニーの灯台が見えてきた。まもなくサウスヘッド砲台前を通過し、シドニー市街上空に達する。家には灯りがともっていたそうである。

シドニーのシンボルであるハーバーブリッジはよく見えたが軍艦の姿は見えない。コッカツー島には、ドックがあり駆逐艦らしい艦が入渠中で、島の西方には軽巡らしき艦が横づけされていた。ところが大きな艦が見当たらない。困ったなぁと思ってぐるぐる飛んでいたらサーチライトで捕捉された。もっとも飛行機には日の丸も何もついておらず、七〇メートルのところに乱雲があったので逃げ込んだ。一番降りたのは五〇メートルくらいでその後、ガーデン島付近まで来たとき、大型艦二隻が停泊しているのが見えた。

先入観というか、事前情報で「ウォースパイト」というイギリスの戦艦が逃げ込んだと聞かされていたが、伊藤中尉は軍艦の形はほとんど主なものは覚えていたから、これは違うと偵察員の岩崎兵曹と話したそうである。そこで艦の幅が広いほうを戦艦、狭いほうを重巡と判断した。実際シドニーに在伯していたのは、米重巡「シカゴ」だった。

シドニー上空で三度照射されたが、ついに一発も撃たれることはなかった。偵察の目的を達することができたので潜水艦に帰還することになった。ノースヘッドから正確に航法を開始し帰途についたが、予定の到着時間になっても潜水艦を発見することができない。後で聞いたそうだが潜水艦から伊藤の飛行機が上を飛んで行くのが見えたそうである。航法は正確だったのである。予定の会合地点より五分飛んでも見えない。岩崎兵曹に走りすぎたのでもう一度シドニーに戻ってやり直すか、と相談しようかと思った。

意を決し、探照灯照らせの暗号を送ってみた。暗号を送ったら母潜水艦は探照灯をつけてくれた。やっとの思いで、潜水艦を発見して高度を下げ、接近したら下は白波である。これは多分転覆すると判断した伊藤中尉は、落下傘バンドも外して脱出しやすいようにしておけと岩崎兵曹に指示し降下・着水した。案の定、着水時に波がしらに叩かれてがくっときたら水の中だったそうである。

準備をしていたのであわてることなく、座席をけって飛行機の下から浮かびあがろうとした。ところが泳いでも浮かない。伊藤は予科練時代に遠泳で鍛えているので泳ぎには自信があった。これで駄目かと思ったとき、何か体に当たった。潜水艦から投げられたロープだった。これで助かった。潜水艦に無事助けられたが、何でライフジャケットを着ていて、泳ぎには自信があるのに浮かないか考えた。よく見ると首には一〇倍の双眼鏡、右足のポケットに南部式の拳銃と弾八発。左足のポケットには予備弾装が三つ入っていた。

後部偵察員の岩崎兵曹も無事救出され、ほっと胸をなでおろしたが、艦長に「大切な飛行機を壊してすいません」とあやまった。後に二階級特進を果たす松村寛治艦長は一言「助かって良かった」と労をねぎらってくれた。九死に一生を得た伊藤だったが、明日の甲標的の突入に際して、自分の確認した敵情が正確であることを祈った。

24 潜水艦搭載航空機の活躍

日本海軍の潜水艦には、他国にない特長として航空機の運用があった。潜水艦先進国（英・米・伊・仏）の諸外国も潜水艦で航空機を運用することを考えたが、結局実用化には至らなかった。日本海軍の場合、米艦隊との艦隊決戦を勝利に導くための漸減作戦において、長大かつ広範囲な哨戒任務のために航空機の運用は極めて有効と考えられていた。

実際の作戦運用は、昭和十九年四月を最後に二〇隻の潜水艦から五四回の潜水艦偵察機作戦を実施した。なかでも単機勇躍し、米本土空襲を伊二五潜搭載機が二度成功させている。

伊二五潜は航空機搭載能力を持つ、乙型と称する最新型の大型潜水艦で、日本海軍の潜水艦の中で最も同型艦が多い。

昭和十七年八月に、伊二五潜の掌飛行長が潜水艦の作戦を司る軍令部第一部第二課の中佐に電報で呼び出された。掌飛行長は藤田信雄兵曹長で、掌とは科長である飛行長を補佐する特務士官や准士官のことである。たたき上げで経験が豊富で技量優秀者が多い。それでも個艦の下士官が海軍省の三階にあった軍令部に直々に呼び出されるなど異例であった。

要件は伊二五潜の航空機を使い、米本土を爆撃するように指示されたのである。軍令部の中佐の案では、米本土の森林地帯に焼夷弾を投下し、大きな山火事を起こさせ米国民の士気を低下させる効果があると考えられた。早速、海図をもとに研究を重ね、昭和十七年八月十五日、伊二五潜は、横須賀を出港した。格納庫には零式小型水上偵察機が搭載され、通常は爆装することのない機体に三〇キロ焼夷弾を二発が搭載予定とされていた。横須賀からシアトル沖まで約四二〇〇浬にもおよぶ苦しい航海であったが、八月末には順調に米本土西岸六〇〇浬に達することができた。

しかし九月に入り波が荒れ始めた。飛行機偵察の場合、浪が高ければ格納筒から引き出して組み立てもできない。まして発艦しても収容が困難となる。伊二五潜はカリフォルニア州からオレゴン州の沖合をひたすら波が静まるのを待つしかなかった。やっと九月九日、波が穏やかになり艦上での組み立てが可能となった。

通常、機体はフロート、主翼、プロペラなど分解されて格納筒に収容されている。それらを引き出し、狭いかつ動揺する甲板上で瞬時に組み立てなくてはならない。それも限られた乗員しかいないので飛行機の整備専門の人員は少なく、数名しか乗っていない。あとは艦内の他の部署から借りて運用するのである。よって当初は組み立てに一時間近くを要したという。それを訓練に訓練を重ね、実戦では一〇分以内には組み立て・暖気運転をすませて発艦準備を完了することが可能となった。まさに神業である。

その日も手際よく発艦準備が整い、両翼に二発の焼夷弾を搭載して黎明を待って発艦した。機体はオレゴン州ブルッキングス近くのブランコ岬をめざした。高度は約三〇〇〇メートル、オレゴン州の森林地帯に達した藤田機は、予定どおり焼夷弾二発を投下し、眼下に爆発が確認できた。

爆撃に成功した藤田機は一路、伊二五潜をめざす。じつは帰還のほうが大変である。GPSのない時代、コンパスのみであらかじめ会合点を定めてとはいえ、広い海原に点のような潜水艦を探さなくはならない。ようやく会合しても、敵の追跡があれば母艦もろとも攻撃を受ける危険がある。それでも無事帰還を果たした藤田機は、二回目の焼夷弾投下を企図した。

しかし相変わらず波は高く、発艦は困難である。結局二度目の攻撃は九月二十九日まで待たされることとなった。しかし今度の海上は平穏で、発艦は極めて順調に行なわれた。今回は月光の下に飛行が行なわれ、高度二〇〇〇メートルから再び焼夷弾を投下することに成功した。その後二度、本土空襲に成功した伊二五潜は、続けて交通破壊戦を実施し敵船舶三隻と潜水艦一隻を撃沈、十月二十四日無事完結させて横須賀に帰投している。敵地深く侵入し、航空機を跳躍させ敵を翻弄し、合わせて交通破壊戦を実施する。日本海軍の潜水艦のもっとも有効な運用方法ではなかったと考えられる。

米本土空襲の戦果については、山火事は起こったものの大森林火災にはならず、大きな打撃を与えることはできなかったが当時の米国民の動揺は大きく、日本軍の上陸も警戒したという。実際の被害より心理的効果が大きかったといえる。掌飛行長の藤田兵曹長は、その後も激戦を戦い抜き、無事終戦を迎えている。戦後、日米友好の懸け橋としてオレゴン州ブルッキングス市から招待を受けている。

25　ミッドウェー海戦　潜水艦作戦

昭和十七年六月五日、ミッドウェー島をめぐる攻防戦において日米の空母機動部隊が戦い、圧倒的優位であるとされた南雲機動部隊が空母四隻を失い、大敗北を期したことは良く知られている。いわば太平洋戦争の流れさえ変えたとされるミッドウェー海戦の敗北の要因には様々なものがあるが、そのなかで最後まで米空母の存在や位置が把握できていなかったことが致命傷となった感がある。その要因の一つとなったのが、潜水艦による哨戒配備の遅れである。

ミッドウェー海戦には二つの潜水戦隊が参加した。海大型で編成された第三潜水戦隊六隻、第五潜水戦隊の八隻である。潜水艦隊である第六艦隊司令部は、潜水戦隊に対しミッドウェー島とハワイ間に潜水艦の配備を命じ（甲乙散開線）、米空母部隊の動静を監視する役割を担った。しかし、第三潜水戦隊はドウリットル空襲の米艦隊への偵察に従事していたため、マーシャル諸島クェゼリン島進出が五月十九日頃となった。さらにそのうち伊八潜に乗っていた三輪茂義少将は艦内で病気を発症して、同艦はやむなく横須賀に帰投、一週間後に後任の河野千万城少将が着任し再進出するも、味方機の誤爆を受けて再度内地に引き返した。

伊一六八潜も修理が遅れて五月二十三日に呉を出港している。また第五潜水戦隊の第十三潜水隊も老朽のため修理に時間がかかり、クェゼリン島進出が五月二十六日になっている。さらに驚くべきことに五月中旬連合艦隊に実施されたミッドウェー作戦の図上演習並びに打ち合わせには、第六艦隊司令部から誰も参加しておらず、第三、第五潜水戦隊もクェゼリン進出までミッドウェー海戦のことは知らされていなかったのである。

あわせてハワイを二式大艇で偵察を慣行する予定だった第二次K作戦も、潜水艦と二式大艇の会合場所であるフレンチ・フリゲート環礁に敵艦船の進出があり、断念されている。

結局、このような状況から所定の甲散開線、乙散開線に配備予定の一一隻の潜水艦の中で、ミッドウェー作戦日マイナス五日の時点で配備を終えたのは一隻に過ぎなかった。戦後の資料にはなるが米機動部隊は、六月五日夜明けにミッドウェー島北方二〇〇浬には進出しているので、各潜水艦が所定期日までに各散開線に配備を終えていたならば敵空母進出の兆候を探知できた可能性が高い。

南雲機動部隊はミッドウェー島に第一次攻撃隊を発艦した後も、重巡「利根」索敵機の報告である「敵らしきもの一〇隻見ゆ」の報告に、空母はいるのか、いないのか問い合わせをしていることからも、海戦が始まっても敵空母の所在をつかんでいなかった。

最終的に六月五日早朝には、各潜水艦は甲散開線に四隻（三潜戦）、乙散開線に七隻（五潜戦）、フレンチ・フリゲート付近に二隻、レイサン島付近に一隻、ミッドウェー島付近に一隻（伊一六八潜）、計一五隻が配備についていた。

味方空母三隻損傷の報告を受けた連合艦隊司令部は、敵艦隊撃破を企図して第三、第五潜水戦隊に丙散開線に配備するよう命令を下した。これにより丙散開線の北から、伊一六六潜、伊一六五潜、伊一六二潜、伊一五七潜、伊一五六潜、伊一五八潜、伊一五九潜の順に配備された。しかし時すでに遅しで、もう米空母どころか敵艦船を探知することはできず、わずかにミッドウェー島付近でタンカー一隻を見たに過ぎなかった。

先遣部隊指揮官は、六日午後には大部の潜水艦が丙散開線に就いたものと判断し、丙二散開線に移動させ、さらにR散開線、S散開線、T散開線を形成し、その全長は四〇〇浬におよんだが、ついに敵機動部隊を発見することはできなかった。十三日に至り、敵機動部隊はすでに東方に去ったと判断され、各潜水艦は東方に向けて進撃を開始したが、十五日には内地またはクェゼリンに向け帰途についた。

結局、ミッドウェー作戦における潜水艦作戦は、伊一六八潜が航空母艦「ヨークタウン」、駆逐艦「ハマン」を撃沈し、ミッドウェー島を砲撃する以外に目立った戦果を挙げることはできずに作戦を終了した。

26 米空母「ヨークタウン」撃沈

ミッドウェー海戦において圧倒的に優位とされた日本海軍は、空母四隻を失い搭載していた搭載機のほとんどを失った。それに対してアメリカ海軍は、唯一空母「ヨークタウン」に二五〇キロ爆弾三発、魚雷二本を命中させられたが撃沈にはいたらなかった。それでもダメージは大きく、やがて乗員の多くは複数の護衛駆逐艦に収容され、「ヨークタウン」は総員退艦が発せられていたのである。

しかしながら米海軍はダメージコントロールに優れていたこともあり、徐々に落ち着きを取り戻し場合によっては沈没をまぬかれることができる状態になりつつあった。そこで駆逐艦「ハマン」は「ヨークタウン」に横付けをして消火作業に従事していた。

一方、唯一ミッドウェー島の砲撃などを実施していた伊一六八潜に、重要な命令が届けられた。「ミッドウェー島の北東一五〇浬に『エンタープライズ』型空母が大破漂流しつつあり」。要は伊一六八潜が、ただちに大破している空母を追撃して撃沈するように命じられたのである。

伊一六八潜は戦闘準備を整え、漂流しつつある「ヨークタウン」をめざした。六月六日午前一時十分、前方見張員が「黒点一、右艦首に認む」を報告してきた。ついに水平線上に米空母を発見したのである。予想した時刻に理想的な位置関係で敵空母を発見することができた。すなわち「ヨークタウン」は明るさが残る東の空を背景としているため、伊一六八潜からはよく視認ができる。逆に「ヨークタウン」からは夕闇迫る西側に伊一六八潜が位置しているので、敵空母からは潜水艦は発見しにくいのである。

しかし有利な条件ばかりではなかった。米空母周辺海域が油を流したようなベタ凪だったのである。これでは潜望鏡を出せばすぐ見つかってしまう。伊一六八潜は水中速力三ノットという微速で密かに、しかし着実に接近を図っていたのである。彼我の距離は約一五〇〇メートル、護衛の駆逐艦は七隻いることからも潜航状態のままの聴音潜航に移った。

敵を見ないままの潜航による接近は不安である。伊一六八潜の田辺弥八艦長は強運の持主といわれたが、敵の短深音を聞きながらの接近は気持ちのよいものではない。神に念じる思いで潜望鏡を上げてみると、なんと敵空母との距離は五〇〇メートル。潜望鏡には山のような航空母艦が写ったに違いない。しかし近ければ魚雷が当たるとは限らない。この距離で魚雷を撃てば、敵艦の艦底を魚雷が通過してしまい命中しない。しかしここまで迫ってのやり直しはきかない。

田辺艦長のとった行動は驚くべきものだった。何と敵空母の眼前で三六〇度旋回を命じたのである。するとなぜか敵の短信音が聞こえなくなった。今がチャンスとばかりに再び潜望鏡を上げたところ距離は一二〇〇メートル、位置関係も注文どおりだった。田辺艦長は躊躇することなく四本の魚雷を二本ずつ二秒間隔で発射したのである。四本がすべてが「ヨークタウン」と横付けしていた駆逐艦「ハマン」に命中した。「ハマン」は被雷により装備していた爆雷と沈没後のボイラーの爆発で、「ヨークタウン」にさらに深刻なダメージを与えた。

発射と同時に伊一六八潜は退避行動に移った。しかし回避の方向は敵空母に接近するように命じた。敵の乗員が投げ出されている海面には爆雷を投下できないと考えたからである。しかしいつまでも留まることはできない。一時間後には爆雷投下が始まった。復讐心に燃えた駆逐艦からの爆雷攻撃は執拗を極め、早くも六〇発の爆雷音を数えたのである。

やがて電灯が消え、電池が破損し、ついに前部発射管室が浸水を始めた。さらに後部舵機室が浸水した。しかし機関長と電機長は悪ガスと戦いながら懸命の電池修理が功を奏し、一三時間ぶりに浮上に成功したのである。遠方にいた駆逐艦が全力接近してきたが、電動機がすぐには使えず潜航できない。必死に水上航走を続け空気も取ることができて急速潜航をかけた。深度六〇メートル、電動機も使用ができるようになった。夕闇迫るなか、敵駆逐艦は追撃を断念して伊一六八潜を残し去っていった。

27　アリューシャン作戦における潜水艦戦

昭和十七年六月三日、第五艦隊隷下の第二機動部隊第四航空戦隊の空母「龍驤」「隼鷹」によるダッチハーバー、アダック島への空襲が行なわれた。この六月三日は合計二次にわたる攻撃隊、翌四日には悪天候によりベテラン搭乗員による空襲が行なわれた。この二日目の空襲の最中にミッドウェーの悲劇が起こっている。空襲に即応して六月七日夜、キスカ島攻略部隊は同島に上陸。翌八日にはアッツ島の占領に成功した。

これに先立ち、北方部隊にはアッツ及びキスカ攻略部隊の潜水部隊として五月十日、第一潜水戦隊（潜水艦六隻、特設潜水母艦「平安丸」）が編入された。

第一潜水戦隊の作戦は全力をもってアリューシャン列島の偵察を実施するというものだ。散開線を構成して敵艦隊の哨戒にあたり、続けて米軍の主要拠点や基地であるコジアク島、ダッチハーバー、ウニマク水道、ウムナク島北方などで哨戒を実施、とくに伊九潜などはキスカ、アムチトカ、コジアク島などに対して三度、搭載機による航空偵察を実施している。アッツ、キスカ上陸作戦成功後の六月十日には、連合艦隊命令により第二潜水戦隊、潜水艦七隻と特設潜水母艦「靖国丸」が増勢された。

第五艦隊は、第一、第二の両潜水戦隊を直率とし、第一潜水戦隊をアリューシャン東部、第二潜水戦隊をアリューシャン西部方面の哨戒に充当することとした。なお、六月下旬にキスカ、アッツの長期占領が確定し、その防備施設の強化に着手した頃、連合艦隊司令部はインド洋方面の海上交通破壊戦を強化する目的をもって、第一、第二潜水戦隊を北方部隊から先遣部隊に復帰させた。このため、七月下旬以降、北方部隊潜水部隊は新たに第五艦隊に編入された呂号潜水艦のみとなり、主として占領地付近の哨戒防備に専念することとなったのである。

甲標的配備される

七月五日、甲標的六隻が甲標的母艦「千代田」に搭載され、甲標的基地隊、設営隊を含めキスカ島に進出した。約五〇名の甲標的部隊は特務隊と呼ばれ、基地隊や設営隊とともに基地設営に取り掛かった。しかし、厳しい自然条件に阻まれ設営に約三ヵ月を要し、せっかく基地が完成しても悪天候や激しい空襲に苛まれ満足な訓練ができない状態が続いた。

翌年二月十五日には二隻の甲標的が増備されたが、結局のところ厳しい自然環境に阻まれ、何らの戦果を挙げることなく、キスカ撤退の際に爆破処分されている。

旧型潜水艦の活躍

昭和十七年七月十四日に、艦隊戦時編成の改訂が行なわれた際に、従来第四艦隊付属の第七潜水戦隊として南洋方面を行動しつつあった第二十六潜水隊四隻（呂六一潜、呂六二潜、呂六五潜、呂六七潜）、第三十三潜水隊三隻（呂六三潜、呂六四潜、呂六八潜）が第七潜水戦隊から除かれ、第五艦隊に付属潜水隊として編入された。これらの潜水艦はL四型と称し、日本海軍が大正末年に最後の輸入潜水艦として導入した英国ビッカーズ製潜水艦を国産化したもので非常に優れていたが、いかんせん老朽化が目立っていた。

第二十六及び第三十三潜水隊はキスカに進出し、同地を基地に作戦を実施することとなり、修理未完成の二隻を除き、他の各潜水艦は七月下旬に内地を出発、八月上旬にはキスカに進出した。

アリューシャン列島中央部、ダッチハーバーとキスカ島の間にアトカ島がある。この島に米軍はアッツ、キスカ島攻略の前哨基地として飛行場を建設するため、八月十三日に上陸を果たした。この行動に敏感に反応したキスカ島守備隊から零式三座水偵が発進し、同島の偵察を行なった。その結果、軽巡洋艦、駆逐艦の在泊が認められ、ただちに呂号潜水艦三隻が出撃した。湾内への侵入を防潜網が阻んでいた。駆逐艦が哨戒任務のため出入港する際のわずか二、三〇分の開放時間をついて大胆にも湾内に侵入を果たしたのである。

呂六一潜が湾内で潜望鏡から確認して巡洋艦と報告しているが、実際は水上機母艦「カスコ」であった。ただちに魚雷三本を発射。そのうち一本が命中し「カスコ」は擱座する。その後、呂六一潜は湾外に脱出に成功し「重巡に魚雷命中一本」を報告する。

翌八月三十一日、呂六一潜は順調に潜航した状態でアトカ島から遠ざかっている最中、突如「ドスン」と鈍い衝撃音を感じ、艦長は浮上を命じた。同じように潜航待敵している僚艦と水中衝突を疑ったという。しかし運悪く、この浮上したときにアトカ島から発進したカタリナ飛行艇三機に発見されてしまう。そのうち一機の対潜爆弾が呂六一潜になにかしらの損傷を与えたらしく重油が浮いてきた。これを目印にアトカ島から駆逐艦「レイド」が到着、執拗な爆雷攻撃が繰り返された。

そしてついに四回目の爆雷攻撃で機械室が浸水した。潜水艦にとって機械室の浸水は一層深刻である。そして第五回、第六回と攻撃は止むことなく、前部発射管室にも大量の浸水があり、艦長はついに浮上砲戦を決意した。潜水艦が敵前で浮上砲戦するのは最期のときである。駆逐艦と砲戦を交えれば潜水艦に勝ち目はない。

「レイド」の主砲から次々と命中弾を受けた呂六一潜は五名の生存者を残して後部から沈んでいった。その他、キスカ島に待機していたL四型の潜水艦にも被害がおよんだ。アダック島から発進した戦闘機や爆撃機からの度重なる空襲である。これにより呂六八潜は機銃掃射で潜望鏡を損傷し、呂六三潜も同様の被害を受けた。呂六七潜は内地から合流したとたんに空襲に遭遇し、電動機を損傷し潜航が不可能になった。

九月に入っても呂六五潜が艦橋に機銃弾を受けるなど被害が続いたが、ついに十一月四日、キスカ湾内で呂六五潜が空襲を受けた。潜水艦の場合、潜航して海底に沈座して空襲を回避するという利点がある。このときも呂六五潜は急速潜航をかけた。ところがあろうことか、艦橋のハッチが閉まらないうちにベント弁を開いたため、海水が怒濤のごとくそのまま後部艦内に流れ込んだ。船体は三〇度の角度をもって艦尾が着底したが、機械室より前部にいたものは二名を除いて全員発射管室から脱出し、六五名の乗員中四五名が救助された。北方作戦は老体に鞭を打ち奮戦したL四型では到底太刀打ちできない戦局になっていたのである。

昭和十八年に入ると米軍のアリューシャン列島における動きが活発化してきた。北方部隊には第三潜水戦隊の第十二潜水隊が増備され、昨年六月に水上機母艦「千代田」で甲標的六隻がキスカ島に配備されていたが、増援部隊としてあらたに二隻が二月に伊一七一潜、伊一六九潜により輸送に成功するなど、着実に潜水部隊の兵力は増強されていった。北方部隊指揮官は、キスカ、アッツ両島の陸上基地急速造成のため、海軍艦艇による緊急輸送を計画し、三月中旬第一次輸送、同下旬第二次輸送を実施したが、敵の妨害により第二次輸送は失敗に帰した。

これ以後は潜水艦による輸送のほか成功の目途なきに至った。かくて、伊七潜、伊三一潜、伊三四潜、伊三五潜、伊一六八潜、伊一六九潜、伊一七一潜は三月下旬以降、五月上旬にわたる間、主としてアッツ、キスカ間の輸送に従事し、アッツ島に蓄積された資材のキスカ島に対する輸送を実施した。その間、三月二日から五月八日までのべ二四隻の潜水艦が輸送作戦に投入され、アッツ島には一〇回、キスカ島には一四回の輸送が実施された。しかし潜水艦の輸送は効率という点では極めて悪く、一回の輸送で四トンから五トンの物資しか運べないのである。

四月十五日、アッツ・キスカ両島への輸送任務に当たっていた伊三一潜に特別な命令が与えられた。アッツ島の守備隊長となる山崎保代大佐の輸送である。キスカ島輸送任務から四月十日に幌筵に帰投すると、あわただしく補給を行ない、十五日には山崎大佐を乗せて出発した。幸いに順調に航海を続け十八日には山崎大佐を無事送り届けている。米軍アッツ上陸のわずか一ヵ月前だったが、伊三一潜もほぼ同時期に消息を絶った。五月十二日、敵のアッツ島上陸の報あるや北方部隊指揮官は、キスカ方面所在の潜水艦にアッツ急行を命ずるとともに、第一水雷戦隊水上機に協力、敵船団の攻撃を下令した。

昭和十八年五月二十一日、ケ号作戦が発令され、アッツ島、キスカ島の守備部隊を撤収するに決した。北方部隊指揮官は、アッツ島近海作戦中の潜水艦に、幌筵島帰還を命じ、また五月下旬同地に進出した北方部隊潜水部隊指揮官に対し、撤収作戦の実施を指令した。北方部隊潜水部隊指揮官は、その指令にもとづき撤収の細項を計画したが、五月二十九日には、アッツ島守備隊員はほとんど戦死し、同島からの撤収はその必要を認めなくなったので、キスカ島守備隊員の撤収にほとんど全力を傾注することとなった。

後に木村昌福少将の艦隊によるキスカ撤収作戦を第二期撤収作戦、先んじて行なわれた潜水艦によるものが第一期撤収作戦と称された。撤収は五月二十七日、伊七潜を第一回として開始された。北方部隊潜水部隊所属の潜水艦一七隻中、一三隻の潜水艦は輸送に従事したが、二回以上従事したものは七隻であり、延べ一三回成功した。その結果、本輸送によりキスカ島から北千島に合計八七二名の人員を収容し、かつキスカ島に対して兵器弾薬約一二五トン、糧食約一〇〇トンを揚陸した。

伊二四潜は、アッツ島守備隊員中、チチヤゴフ湾方面に退避した連絡員収容のため、六月上旬三回にわたり同港外に近接連絡に努めたが手掛かりがなく、指揮官の指令にもとづき同島における作業を取りやめた。引き続きキスカ島に向け行動せしめたが、その後消息はなくアッツ島北東海面において六月上旬に沈没したものと推定された。

伊九潜は、六月中旬キスカ着の予定をもって同艦第二次輸送任務に従事中、消息不明となったが、同島東岸において敵の攻撃を受けて沈没と推定された。最も悲惨であったのが伊七潜である。三回目の輸送のため六月十五日に幌筵を出港した。突如、二度にわたる七〇発にもおよぶレーダー砲撃を受け、多数の命中弾により司令、艦長、先任将校以下准士官七名、下士官兵五七名の戦死を数え、力尽きた伊七潜は小キスカ島西側に再び擱座、爆破処分された。生存者は四三名、彼らはキスカ島守備隊に収容された。このことは後にレーダーに辛酸をなめる最初の損害となった。

キスカの撤収作戦は八月一日、木村艦隊が幌筵に無事到着して完了した。キスカ島撤退成功により長く苦しい潜水艦による北方作戦は終わりをつげた。労多くして実り少なし。三五隻の潜水艦が北の海で戦い、六隻が還ってこなかった。

28　ガ島潜水艦作戦

ミッドウェー海戦に敗れた日本海軍は、南東方面から連合軍の反抗が開始されるものと予測していた。そのため、ポートモレスビー、ギルバート諸島を確保し珊瑚海を制して防衛体制の確立を企図していた。第四艦隊は連合艦隊の命令にもとづき、ガ島飛行場を含む航空基地強化作戦を実施し、ポートモレスビーの連合軍航空兵力と対峙する計画であった。

このように日本軍が南東方面の防衛体制強化を企図した矢先の八月七日早朝、突如、連合軍はガ島及びツラギ島に上陸を開始した。当初の楽観的観測に反して連合軍の本格的な反抗作戦と認識すると、連合艦隊は水上決戦兵力である第二、第三艦隊の稼動全力をもってガ島奪回を実施することとなった。

潜水部隊も、インド洋交通破壊戦への展開を中止し、直ちにソロモン方面に兵力を集中させる準備がなされた。しかし連合艦隊のこの決定に対して、軍令部からは異論が出た。軍令部としては基本的には交通破壊戦を重視する考えを示し、それに対して連合艦隊はあくまであらゆる好機を捉えて米艦隊を撃滅するという方針であったからだ。

打ち合わせの結果、第八潜水戦隊の一個潜水隊をそのままインド洋に留まらせ交通破壊戦を継続し、豪州方面やニューカレドニアに展開中の三潜戦を急速北上させた。内地において整備中の一潜戦はインド洋ではなくソロモン方面に向けて出撃準備を急がせた。これにより、宿願ともいうべき潜水艦の特性を活かした大規模な交通破壊作戦も、連合軍のガ島上陸という急変により、あえなく崩れ去ってしまったのである。

結果論であるが、連合軍の反抗時期と場所については、じつに的確であり日本軍にとって絶妙なタイミングで反抗の楔を打ち込まれた結果となったのが何とも慙愧に耐えない。

八月二十四日、第二次ソロモン海戦において先遣部隊は、ガ島南東海面及び一部ガ島付近に展開して敵艦船攻撃に任じたが、敵を見ることはあっても襲撃する機会に恵まれず、戦果は挙がらなかった。海戦が終了して約五時間後の夜十時三十分、伊一七潜は米空母「エンタープライズ」が約二〇ノットで南下、退却中の姿を発見した。

同空母は海戦で三発の爆弾を受けていたが、有効なダメージコントロールにより火災が鎮火、伊一七潜が発見したときは二四ノットに回復していたのである。それでも手負いであることには変わりない。ミッドウェー海戦の再来のように、航空攻撃により損傷した空母を潜水艦がとどめを刺す様相を呈してきた。さらに一五分後には伊一五潜が「エンタープライズ」、戦艦「ノースカロライナ」、巡洋艦二隻、駆逐艦五隻を発見した。

伊一五潜、伊一七潜で挟み撃ちができれば理想的である。しかしそうはなかなかいかなかった。敵駆逐艦が爆雷投下を始めたのである。どうやら伊一五潜から発した水中信号を探知したのかもしれない。爆雷の先制攻撃を喰えば、容易には魚雷を発射することはできない。

結局、二艦は空母襲撃の機会を逸してしまう。それどころか、空母の帰還できなかった航空機のパイロットを救出すべく、本体と分離していた駆逐艦に伊九潜が探知され、爆雷攻撃を受けるなどの被害が出て、結局第一潜水戦隊六隻は「エンタープライズ」にとどめを刺すことができなかったのである。

逆に潜水部隊に損害が出た。第七潜水戦隊の伊一二三潜である。ガ島北東の水道で、補給に来航する輸送船団を待ち伏せする任務についていた。しかし、逆に敵航空機に発見され、さらに元駆逐艦であった敷設艦に長時間にわたり爆雷を投下され、沈没してしまう。機雷潜水艦としては二隻目の戦没で、なぜか機雷潜は艦番号の大きい順に失われていった。

米軍のガ島上陸後に駆け付けた新鋭伊二六潜は、進出早々の八月三十日に北上中の米空母、戦艦を発見するも見失ってしまう。翌三十一日、再び伊二六潜は米空母を発見する。ガ島への輸送船団を守ってきた別の空母で「サラトガ」である。「サラトガ」はハワイ沖で伊六潜の魚雷攻撃を受け損傷、長きに渡る修理を終えて五月末に「ホーネット」「エンタープライズ」に合流していたのである。

八月二十四日の第二次ソロモン海戦では伊一五潜、伊一七潜は敵機動部隊を発見したが攻撃することはできなかった。これは第一潜水戦隊の散開線が混乱したことが主要因であった。その中で三十一日、伊二六潜は米空母「サラトガ」を発見、五本の魚雷を発射し回避されつつも一本が命中損傷した。「サラトガ」は以前伊六潜の攻撃を受け復帰したばかりであり、再び三ヵ月の修理を余儀なくされた。

九月に入り、潜水艦は活発に活動していた。ガ島周辺に九隻の潜水艦を散開配備させ、敵空母の発見に努めたのである。そのなかで米空母「ワスプ」隊が、伊一九潜に発見された。伊一九潜には幸運が舞い降り、当初襲撃困難の位置や距離であったが、「ワスプ」の変針により魚雷六本を発射、二本が命中した。「ワスプ」は潜水艦単独で撃沈した最初で最後の正規空母となった。さらに「ワスプ」を外れた魚雷が戦艦と駆逐艦にも命中し、戦艦は損傷、駆逐艦は後日沈没してしまう。一回の魚雷攻撃としては驚異的な戦果となった。

続いて十月二十日は重巡「チェスター」を損傷させる。攻撃したのは伊一七六潜で、同艦はミッドウェー海戦で空母「ヨークタウン」と駆逐艦一隻を撃沈した潜水艦である。このときはサン・クリストバル島付近で、戦艦「ワシントン」を含む第六四部隊を発見した。戦艦ともう一隻の重巡には攻撃できる機会がなく、「チェスター」に狙いを絞って六本の魚雷を発射、うち二本が命中し、沈没に至らぬものの約一年間、前線への復帰は困難となった。

十一月には甲標的がガ島に進出する。水上機母艦「千代田」に甲標的六隻を積載しトラックに入港した。伊一六潜、伊二〇潜、伊二四潜に搭載された甲標的は前後八回のルンガ、ツラギへの攻撃を実施し、物資揚陸中の輸送船に損傷を与えた。これまでの甲標的の特別攻撃と異なり、攻撃後は洋上で親潜水艦に収容されるのではなく、ガ島に乗り上げるかたちで搭乗員の生還を期した。よって今回の攻撃で初の生還者を出している。

十月二十六日の第三次ソロモン海戦以降は、主な潜水艦は補給や整備のため多くがトラック島に引き上げた。残る、伊一五潜、伊一七潜、伊二六潜は引き続き哨戒配備を続けていた。

そのなかで第三次ソロモン海戦において損傷した軽巡「ジュノー」を伊二六潜が発見する。同潜水艦は、八月に空母「サラトガ」を損傷させた武勲艦である。伊二六潜は損傷していた三門の発射管からの攻撃を諦め、残り三門での魚雷攻撃を実施した。発射された魚雷は火薬庫に命中し大爆発を起こしわずか一分以内に沈没したという。六〇〇名を超える乗員で最終的に生還したのはわずか一〇名で、このとき五人の兄弟が同艦に乗り組んでいて全員戦死したことから、以後同じ艦に親類は同乗させないよう徹底された。

この間九月から十一月にかけてガ島攻防戦において日本海軍の潜水艦は、太平洋戦争を通じても華々しい活躍だったといえるが、犠牲も少なからずあった。伊二二潜が甲標的作戦で活躍したが、マライタ島付近で消息を絶った。また伊一五潜、伊一七二潜が失われた。伊一七二潜は十一月三日にサン・クリストバル島北方付近で、敵発見の報告の後に消息不明となり、伊一五潜は同じくサン・クリストバル島南西付近で掃海艇に沈没させられた。ガ島作戦でここまでで四隻の潜水艦が失われたことになる。

しかし、潜水部隊にとって、ガ島での戦いにおいて本当の苦役は十一月以降の戦いとなる。ガ島に上陸した陸軍部隊に対して、後続の輸送船団が次々と撃沈されたため、深刻な食糧不足に陥ったのである。足の遅い輸送船ではガ島にたどり着くことは困難となり、のちに米側から「東京急行」と揶揄された駆逐艦による高速輸送が実施されることとなる。

そしてあわせて行なわれたのが潜水艦による隠密輸送である。潜水艦に積載できる物資は少なく、かつ非効率で危険な任務であるため乗員からも「もぐら輸送」などと言われたが、最終的には飢餓にあえぐ陸兵にわずかでも食糧を届けられるのは潜水艦となり、懸命な輸送作戦を実施するに至るのである。

潜水艦は隠密裏に行動することができたが、やはり輸送量の限界があった。潜水艦一隻で運べる物量は限られており、一回の輸送で一万の兵士が一〇日間、何とか飢えをしのぐことができた。当時約二万の兵力であったため、五日に一度は潜水艦が到着しないと餓死者を多数だすことになる。

ガ島への第一回潜水艦輸送は十一月二十四日、伊一七潜と伊一九潜の二隻から始まった。しかしそれでもガ島輸送は最初から困難であった。伊一九潜は浮上するやいなや夜間の戦闘機に照明弾を投下され、魚雷艇の攻撃まで受けて、とても島には近寄れないためあわてて潜航退避した。伊一七潜は翌日まで待ち、なんとか半分の八トンの揚陸に成功した。

以後、第一期の潜水艦輸送は毎日一隻を目標に決行された。十一月二十四日から十二月九日まで一二回の輸送が実施された。参加潜水艦は伊三潜が三回、伊二潜、伊四潜、伊一七潜と伊一九潜が各二回、伊八潜が一回の割合である。のべ一三隻、輸送人員一三七名、食料・弾薬一九四トンの揚陸に成功した。

しかし、犠牲もあった。十二月九日、三度目の輸送任務に従事した伊三潜である。伊三潜は九日深夜にガ島に潜入、カミンボ沖で潜望鏡深度にて敵影を認めなかったため、直ちに浮上、後甲板に積載していた大発を発進させる準備を急いだ。そのとき、夜間パトロールで哨戒中の米魚雷艇ＰＴ44とＰＴ59が接近しつつあった。伊三潜に気がついたＰＴ59は二本の魚雷を発射。伊三潜の艦尾に命中してあっという間に沈没してしまう。生存者は艦橋にいた士官一名と下士官三名がガ島に泳ぎ着いた。この損害は日本側のショックが大きく、魚雷艇に再三の出没に輸送任務に支障をきたし犠牲者まで出た。潜水部隊はついに輸送作戦を中断してしまうのである。

トラック島では第六艦隊でのガ島輸送研究会が実施された。その席上、各潜水艦長や潜水隊司令は、労苦が多い潜水艦輸送は戦果もなく危険であり直ちに中止すべきとの意見が大勢を占めた。しかし第六艦隊司令長官からの「いかなる犠牲を払ってもガ島の陸軍に食糧を送る。これは大命である」の一言には抗する者はおらず、第二期として輸送作戦は再会することとなった。

ただし様々な工夫が研究され、最終的にはゴム袋に食糧を詰めて六四〇個を潜水艦に積載し、潜水艦からは潜航の状態でゴム袋を放つ方式を実施した。浮力があるゴム袋が海面に浮いたところをガ島の大発で収容していくのである。これであれば潜水艦は魚雷艇が待ち構えている危険な海面に浮上する時間がなくなるである。

十二月二十六日から翌年昭和十八年一月三十日までのべ二六隻が投入され、成功もしくはおおむね成功が二三回、失敗が三回。人員収容七九〇名、弾薬・食糧三七四トンを揚陸、損害は一隻だった。

第二期の損害は伊一潜である。一月二十九日、伊一潜は目的地近くで浮上に入った。しかしニュージーランドのコルベット艦に捕捉され、直ちに爆雷攻撃を受けた。そのまま伊一潜は後部に浸水をきたし、電灯が消えた。一度は深度一八〇まで達し、前部発射管室まで浸水、電池からも硫酸が流れ出した。そんななか、もはや浮上して差し違えるしかないと判断して急速浮上、大砲や機銃でコルベット艦に応戦を開始した。

敵も勇敢で、伊一潜の司令塔後方に体当たりをしてきた。満身創痍となった伊一潜は、からくも敵艦から逃れカミンボ岬約一キロ沖合で擱座する。その後も敵艦の砲撃を受け、ほとんど海没状態となったが、いまだ船体の一部が水面上に残っていた。あげくには味方艦爆機の処分攻撃を受けても沈まず、ついに伊二潜の砲撃で処分しようと同艦を派遣したが、伊二潜が現場に到着した際には伊一潜の姿はなかった。その後ガ島への潜水艦作戦は撤収援護に留まるが、前半は空母撃沈など一定の戦果があったが、後半は労苦多い輸送作戦を強いられた。

29 「サラトガ」「ジュノー」を撃沈破

開戦直前に竣工した伊二六潜は、昭和十七年八月十五日に横須賀を出港した。艦長は横田稔中佐である。ガ島に米軍が上陸したとの報を受け、第一潜水戦隊が投入され、伊二六潜もソロモン諸島南東海面の配備についた。同艦はすでに開戦からハワイ作戦やK作戦、北方方面でも活躍し横田艦長以下、乗員の練度は高かった。

八月三十一日、昨日見失っていた敵空母を再び捉えることができた。艦長の回想によれば突如、北の水平線にガスタンクのような巨大なものが見えたという。ガ島輸送船団の護衛を担当していた「サラトカ」隊である。同隊はガ島南東二六〇浬周辺にあり「サラトガ」以外には重巡二隻、駆逐艦五隻をともなっていた。また新たに応援として戦艦一隻、巡洋艦二隻、駆逐艦二隻を加えた有力な艦隊であった。

朝になり「サラトガ」は艦首を風に向け、高速で直進しながら艦載機を発艦させていた。護衛の艦と輪形を整え、対潜水艦用にジグザクで航行していた。潜望鏡での監視が続くが、敵の襲撃を狙う際に大きな危険がともなう。後落しないよう潜水艦の速度を上げれば潜望鏡に白波がたち、潜水艦と気がつかれてしまう。潜望鏡の深度は約一八メートルであるが南方では透明度が高いので、上空からでは潜航していても見つかってしまうのだ。

幸いこのときは太陽の上り方が低いので、飛行機に発見される危険性は少ないと判断した。慎重に近接し、ついに魚雷六本の発射準備を行なう。魚雷深度は六メートル、開度は一度半。六本の魚雷が各一度半の開きをもって扇形のように直進していくのである。

距離三〇〇〇メートルで魚雷六本を発射、「サラトガ」は雷跡に気がついてすぐに転舵をするが、五本までは避けられても最後の一本が煙突後部付近右舷に命中した（二本命中との他説あり）。被害は発電機が停止し、ひびが入った船体からは浸水が始まりボイラー室一つが使い物にならなくなった。それでも米空母のダメージコントロールは優れており、命中から九時間後には一二ノットで動けるようになったのである。しかし結局はフィジー諸島の南東にあるトンガタブ島で応急修理を施したのち、ハワイで三ヵ月ものあいだ修理を余儀なくされ戦列を離れた。搭載機の戦闘機九機と艦爆二一機は、ガ島の航空部隊の指揮下に入った。

伊二六潜への護衛の駆逐艦による反撃も凄まじいものだった。制圧された時間はじつに八時間におよび、爆雷も五〇発は受けていた。敵は極めて執拗であったが、伊二六潜もなんとか耐え抜き無事生還を果たした。

この強運な伊二六潜は「サラトガ」について巡洋艦「ジュノー」を撃沈する。「サラトガ」襲撃から約三ヵ月後の十一月十三日の夜に第三次ソロモン海戦が発生した。第三次ソロモン海戦は一説にはミッドウェー海戦以上に太平洋戦争の分岐点となった戦いといわれている。ガ島飛行場に対して戦艦「比叡」「霧島」による艦砲射撃を実施し、その間空母部隊に掩護された船団輸送を成功させ、陸軍部隊と協同してガ島を奮回すべく大掛かりな作戦に起きた海戦である。

この海戦は米側の敗北で終わったが、ガ島奪回には至らず本来の目的は達成できなかった。海戦を終えた米艦隊を伊二六潜はサン・クリストバル島付近で発見した。軽巡「ヘレナ」の後方に損傷した重巡「サンフランシスコ」、その奥に「ジュノー」を発見した。絶好の襲撃機会であったが、伊二六潜にもトラブルがあった。

伊二六潜の魚雷発射管は前方六門であるが、数日前に艦首がサンゴ礁にぶつかり下部三門が使えなくなっていた。仕方なく、発射可能な三門の魚雷を「ジュノー」に向けて発射したのである。命中したのは一本だったが、その一本が火薬庫に命中したため、瞬間にして船体二つには折れ二〇秒で轟沈した。

助かった乗員約一〇〇名は海面に生存したと言われているが、僚艦が救助せずに戦場を離脱したため八日間も放置され救助された乗員は数名だったという。

30　米空母「ワスプ」撃沈

ガ島をめぐる戦いが本格化した昭和十七年九月十三日、ブーゲンビル島の南岸にあるショートランド島付近に、有力米空母部隊を偵察中の二式大艇が発見した。先遣部隊指揮官は、直ちに近くを散開配備中の第一潜水戦隊各潜水艦に敵空母部隊を捕捉するよう命じた。同海域には東から伊九潜、伊三一潜、さらに伊二四潜、伊二一潜、伊二六潜、伊一九潜、伊一五潜、伊一七潜、伊三三潜という最新鋭の各潜水艦が揃っていた。

十五日になり再び二式大艇は、巡洋艦や駆逐艦に守られた輸送船団も発見した。空母部隊の掩護を受けた輸送船団がガ島に補給を行なうことは明白だった、さらに哨戒を厳とした各潜水艦であるが、なかなか敵部隊を捕捉できない。その中で伊一九潜が水中聴音で大集団らしき音源を探知した。直ちに潜望鏡を上げてみるが、この時点では敵影は影も形もなかったという。

潜航して音源に近づくこと一時間、再び潜望鏡を上げると、距離一万五〇〇〇メートル彼方に敵影を発見した。正規空母「ワスプ」である。ただこの距離では雷撃はおろか、敵との距離を詰めることはなかなかできない。伊一九潜は反転・同航するも「ワスプ」は之字運動をしながら西方に向かう姿勢を示した。この場合さらに伊一九潜と遠ざかることになるので攻撃は無理と判断したところ、なんと「ワスプ」は飛行作業を続けているのであろう、むしろ伊一九潜の方に接近する針路をとりはじめた。すなわち敵は北北西に針路を変更し、さらに南南東に変針、自ら伊一九潜の目の前に迫ってくる体形となったのである。

方位角右五〇度、距離九〇〇メートルという絶好の射点を得て魚雷六本を発射した。三秒間隔で進んだ魚雷のうち、二本が「ワスプ」の右舷前部に命中した。その他の魚雷は北へ走り去った。「ワスプ」艦橋の前部は破壊され、火炎は前部格納庫にある魚雷や爆弾を誘爆させた。さらに航空機用の燃料にも引火し手の施しようのない状態となった。しかしこの後、信じられないことが起きる。

「ワスプ」隊の北北東五浬に空母「ホーネット」隊がいた。対潜の担当空母ではなかったため、比較的余裕のあるときであった。なんと「ワスプ」を外れた魚雷が、この「ホーネット」隊に接近してきたのである。あわてて転舵するが、戦艦「ノースカロライナ」の左舷一番砲塔付近に命中した。被害は主砲火薬庫に浸水をもたらしたが幸いにも火災は発生せず、左へ五・五度傾いた程度でそれもすぐに復旧した。

ところが戦果はこれだけではなかった。もう一本の外れた魚雷が「ホーネット」隊の護衛駆逐艦「オブライエン」にもおよんだのである。一本の魚雷が艦首右舷に命中した。これも艦首だけの被害で沈没をまぬかれたが、じつは大きな損傷を負っていたのである。魚雷命中の衝撃で船体にひずみが生まれてしまったのである。

「オブライエン」は修理のため米本土に回航することに決まったが長期航海は困難である。飛び石づたいに碇泊地を求めながら、帰還の途についた。ところがサモア島に着いたころ、突如前部機関室から二つに割れて沈没してしまった。乗員に死傷者は出なかったが、伊一九潜から魚雷を受けてから一ヵ月以上も経過してから被害におよんだ。

結局伊一九潜の戦果は、他に類例を見ないズバ抜けた大きな戦果となった。一回六本の魚雷攻撃で、正規空母「ワスプ」を撃沈、戦艦「ノースカロライナ」損傷、駆逐艦「オブライエン」沈没である。まったく無傷の正規空母撃沈を日本海軍の潜水艦が初めて成し遂げた。また戦艦への魚雷攻撃、後にも先にも太平洋戦争において最初で最後の戦果となったのである（英戦艦「ラミリーズ」甲標的の戦果）。

これだけの戦果を挙げた伊一九潜の艦長は木梨鷹一少佐である。後に中佐となり、伊二九潜の艦長として遣独任務を成功させた。しかし不幸にもそのドイツからの帰還途中、まもなく日本というところで敵潜水艦の待ち伏せにあい、雷撃を受けて沈没してしまい木梨艦長も戦死した。木梨艦長は戦死後、二階級特進の栄に浴されたのである。

31　知られざるガ島　甲標的作戦

ガ島奪回方針は変わることなく陸軍は第三十八師団の投入が決まるなか、ついに昭和十七年十月三十一日、先遣部隊指揮官に甲標的の出撃命令が下った。潜水艦三隻をもって甲標的をガ島に輸送し、ルンガ泊地の輸送船団を攻撃するのである。

十一月三日、伊一六潜、伊二〇潜、伊二四潜がショートランドに入港、甲標的母艦「千代田」で作戦会議が行なわれた。会議では、「攻撃目標は輸送船最優先」「乗員帰投は味方占領地付近で艇を沈め搭乗員のみ上陸」の二点が確認された。十一月四日、会議を終え、最後のツリム調整を終えた一一号艇は「千代田」に横付けされた伊二〇潜に搭載された。艇長は三期講習員国弘信治中尉、艇付は井上五郎一等兵曹である。

十一月五日午後六時、乗員の声援に送られて「千代田」をはなれ一八ノットでガ島をめざす。七日、搭乗員が乗艇後、母潜潜航。「発進準備よし」と電話で報告する。深度一五メートルで「電話線を切る」を最後に母潜との連絡は途絶えた。一一号艇は母潜を離れ、最微速針路九〇度、深さ三〇メートルで一路ルンガ沖をめざしたのである。

輸送船撃破

一一号艇は半速に増速しルンガ岬北方五マイルに達したと判断し、一八〇度に変針、五分ごとに露頂し、三回目の観測で海岸の椰子林の頂上らしきものが見えた。距離七〇〇〇で二本煙突の敵艦を発見、「魚雷戦用意」でスクリュー音を聞きながら、接近。浅い所にぶつかる危険性を感じ、敵前で露頂すると、なんと駆逐艦二隻が五〇〇メートルのところで荷物を降ろしているが見えた。国弘艇長は「これなら当たる」と確信して下管の魚雷を発射した。ちょうどその頃、ルンガ沖で輸送艦「マジャバ」は駆逐艦「ランズドーン」他に護衛され弾薬の陸揚げを開始していた。午前九時二十七分、甲標的の潜望鏡を発見、対潜戦闘、爆雷戦、捨錨用意、面舵一杯、左前進半速、右後進原速を命令する。両者ほぼ同時に敵を発見するのであるが、「マジャバ」は錨を捨て、艦尾を振って一本目の魚雷を回避した。甲標的は一トン近い魚雷を発射すれば、艇首は浮き上がり浮上の動揺で照準がずれる。速やかに修正して二本目を発射した。

周囲を見張る余裕もなくあらかじめ打ち合わせたとおり、令無くして取り舵一杯、半速、深さ三〇とし全没、二本目が「マジャバ」に命中したのである。その後、爆雷攻撃を受けたが、全部自分の上で爆発するので大丈夫と思ったそうである。午前十一時三十分には爆雷攻撃が止み、午後二時に浮上、ハッチを開いた、じつに一〇時間が経過しており、極めて艇内は苦しい環境であったと思われる。驚異的な忍耐力である。その後敵機に脅かされながらも、カミンボとマルボボの中間と思われる付近に接岸、キングストン弁を抜き、艇を自沈させ国弘艇長、井上一曹は一滴のソロモンの海水を浴びることなくガ島に上陸した。

甲標的生還第一号

国弘艇長と井上一曹は、道に迷いつつもエスペランスの海軍通信所に辿り着き、戦闘速報の発信を依頼し一泊の後、マルボボに向け出発した。エスペランスからカミンボまで二時間、さらにカミンボからマルボボまで二時間を要した。その後駆逐艦に便乗せよとの命令を受けるが、結局カミンボにもどり、伊九潜で十二月一日トラックに帰着した。ついに甲標的の攻撃で生還者をもたらしたが、幸運は続かなかった、

つづく十一月十一日、伊一六潜から三〇号艇が発進した。艇長は二期講習員、八巻悌次少尉、艇付は橋本亮一上等兵曹であったが、発進時甲標的の艇尾が母潜の船体と接触、舵が破損し復旧困難なためカミンボ六マイルの海上で注水自沈、二人は泳いで上陸、翌日マルボボに収容され生還した。

十一月十九日、伊二〇潜から発進した三七号艇は、発進後横舵機に故障が発生、潜航不能になって水上航走を続けたが、日の出後も復旧せずエスペランス沖で自沈した。艇長の三期講習員、三好芳明中尉、艇付の梅田喜芳一等兵曹はやはり泳いでガ島に上陸、生還した。十一月二十三日、伊二四潜から発進した一二号艇は、ガ島戦に参加した甲標的八艇のうち、完全に消息を断ち、該当する米軍の記録も発見されていないただ一隻の艇である。艇長は三期講習員、迎泰明中尉、艇付は佐野久五郎一等兵曹である。

再び輸送船を撃破

十一月二十七日午前五時四十六分、駆逐艦「バーネット」に護衛された輸送艦「アルチバ」が補給資材を満載してルンガ沖に投錨した。早速、物資を降ろしている最中、六時十六分、二本の魚雷を見舞われ、うち一本が左舷に命中した。

荷役のためハッチは開放されており、船倉には大量の海水が浸水し船体は左に傾斜した。火炎は数十メートル上空まで登り、引火した弾薬がつぎつぎ爆発をはじめた。乗員の懸命な消火活動で十二月一日に火災が鎮火したが、二日に再度、駆逐艦「ジョセフジール」の艦首をかすめた魚雷が「アルチバ」の艦尾で大きく曲がり海岸に乗り上げた。駆逐艦はただちに捜索をはじめ、甲標的を探知し爆雷四発を投下した。

つづいて三度、六日にも魚雷一本が「アルチバ」の機械室左舷に命中浸水したが、すでに砂浜に乗り上げていたため満水にならず艦尾が沈下しただけであった。航空機と駆逐艦は直ちに捜索を開始、爆雷八発を放った。つまり「アルチバ」は座礁していたにもかかわらず十一月二十七日、十二月二日、六日の三回も魚雷攻撃を受けたことになり、そのうち二本が命中した。

この攻撃には三艇の甲標的が該当すると思われる。十一月二十七日の襲撃は一〇号艇で、艇長は三期講習員、外弘志少尉、艇付は井熊新作二等兵曹でサボ島の北北東二マイルにおいて伊一六潜から発進した。これより八艇のうち後半の四艇は増援の艦艇との混乱を避けるため、サボ島東側を通ってルンガ泊地に向かう。しかしその後、一二号艇と同様消息不明となった。

一〇号艇は南下を続け、二十七日の日出後輸送船「アルチバ」を発見、魚雷を発射したと推定され、その後護衛の駆逐艦の爆雷攻撃により沈没したと考えられる。

十二月二日の襲撃は伊二〇潜から発進した八号艇で、艇長は四期講習員、田中千秋少尉で、艇付は三谷護兵曹である。八号艇は伊二〇潜から順調に発進し、深度二〇メートル、最微速三ノットで南下、薄明のガ島を発見したが陸岸に近づきすぎて座礁してしまった。なんとか離礁した後、ルンガ岬東方約二・五キロで潜望鏡を上げたところ目の前に輸送船を発見、魚雷を発射した。発射後、深度を取ったところ海底に突っ込んでしまい、再び身動きが取れなくなる。田中艇長は自決を考えたが三谷兵曹が「どこで死んでも同じです。もう一度やってみましょう」と艇長を励まし、再度離礁を試み、ようやく成功、カミンボ付近に上陸、生還を果たした。

十二月七日の襲撃は三八号艇である。艇長は三期講習員、辻富雄中尉、艇付は坪倉大盛喜兵曹である。六日午前一時四十二分に伊二四潜から発進した三八号艇は、「アルチバ」に魚雷を発射した後、米駆逐艇477号の爆雷八発により沈没したと考えられる。以上三艇で輸送船一隻を撃破したが、二艇の甲標的が未帰還になった。

ガ島最後の甲標的発進

最後の攻撃は十二月十三日、二三号艇である。艇長は三期講習員、門義視中尉で艇付は矢萩利夫兵曹である。サボ島北北東一〇マイルで伊一六潜から発進。ルンガ北方で駆逐艦に対して魚雷を発射したが命中させることはできなかった。その後、エスペランス沖で注水処分を行ない、乗員は泳いでガ島に上陸、生還した。「千代田」搭載の甲標的は残り少なくなり、内地から五号艇（艇長名倉司少尉、五期講習員）が伊一八潜に搭載され呉発、ガ島に向かったが作戦は中止され、五号艇はトラックで「千代田」に収容された。これ以後、ガ島での甲標的の突入は行なわれなかった。連合艦隊が甲標的を輸送していた親潜水艦もガ島への糧食輸送にあてる必要に迫られたと考えられる。

あらためて整理すると、ガ島に投入された甲標的は八艇で戦果は輸送船二隻を撃破した。八艇のうち、一二号艇、一〇号艇、三八号艇の三艇が未帰還となり、それぞれ迎、外、辻と偶然にも一文字の苗字の艇長ばかりであった。ガ島から奇跡の生還をとげた五艇一〇名の乗員の他、マルボボの甲標的基地の磯辺秀雄中尉も後に無事生還を果たしたのである。以後、甲標的は潜水艦から発進する攻撃方法は実施されることはなかった。

32　ニューギニアの戦い

ガ島奪回を狙う日本軍はソロモン周辺で熾烈な戦いを繰り返したが、潜水艦作戦にとりガ島と同じかもしくはそれ以上の消耗を強いられた作戦があった。ニューギニアの戦いにおける潜水艦輸送作戦である。

米陸軍マッカーサー大将が考えた対日反攻作戦の第一歩はニューギニアを足掛かりとした。米海軍はソロモンへ、米陸軍はニューギニアに迫ったのである。昭和十七年十一月十六日、豪州軍の第七師団、米軍の第三二師団がニューギニア西部の東岸ブナに攻撃を加えてきた。それに対して日本軍はポートモレスビー攻略作戦に挫折した後で戦力は疲弊しており、さらに兵力面でも米豪軍の約五分の一程度と、すぐさま苦戦を強いられた。当然のことながら補給路はなく、駆逐艦での輸送すらも困難な状況に陥った。

そんななか、潜水部隊が唯一の頼みの綱となった。担当する第一潜水戦隊司令官は、持ち駒の三分の二をガ島、残りの三分の一をニューギニアに振り分けるとした。ただしニューギニアのブナ周辺はサンゴ礁の浅瀬が続くので、潜水艦での接近や接岸は困難である。万が一座礁もしくはサンゴ礁で船底が損傷することもある。そこで潜水艦輸送はブナ北西に位置するマンバレー河口をめざすこととなった。

十二月十四日、最初の輸送任務をおびた伊一七六潜がラバウルを出港した。そしてなんと延々と潜水艦による物資輸送は続き、最後の輸送任務は昭和十九年一月まで続くのである。

ニューギニア輸送作戦の開始は最初から前途多難なスタートとなった。最初の伊一七六潜はいきなりマンバレー河口で艦首が浅瀬に乗り上げた。後進により離脱することができたが、間違えれば座礁してしまい敵の格好の目標となってしまう。

しかし、なんとか翌日には物資を届けることに成功したが、続く伊四潜には悲劇が襲う。伊四潜は十二月十九日にマンバレー河口に到着。天候不良で河口接近を断念、ラバウルに帰投を考えるが、再度河口に接近したところを米魚雷艇に発見されてしまった。以後、米軍の高速魚雷艇には日本海軍はさんざんと悩まされていくことになる。このときは、伊四潜はブナ北方のクムシ川付近で魚雷艇に発見され、襲撃を受け右舷に魚雷が命中沈没してしまうのである。

それでも魚雷艇に悩まされながらも、輸送任務は続いた。十二月には伊四五潜、伊三二潜が二度、伊一二一潜、伊三二潜が輸送任務を実施する。翌昭和十八年になってもブナへの輸送任務は続けられた、二月の上旬までに結局、延べ二一隻の潜水艦が投入され、うち一八隻が輸送を成功させた。その間、人員は八四五名、食糧・弾薬など三七九トンの物資を運んだのである。そのうち喪失潜水艦は前述の伊四潜、一隻であった。

しかしニューギニア輸送はこれだけではない。昭和十七年十二月から翌年の四月までラエの輸送任務が開始される。ブナが玉砕、占領された日本軍だったがニューギニアの戦いは終わったわけではない。ブナやサラモアより北に位置するラエに陸軍第十八軍を配置し、海軍も第七根拠地隊やラバウルの台南航空隊の十戦隊が進出していた。当然ながらこのラエの陸海軍部隊への輸送任務は潜水艦がおうことになった。

昭和十八年一月三十日に伊三六潜が約二三トン、便乗者五九名を乗せて第一回輸送任務は開始された。ラエ付近で潜水艦が浮上すると、複数の大発（大発動艇）が輸送物資を受領に行くという方法で揚陸作業が実施された。

二月には伊三六潜が二回、伊二四潜が二回実施し成功を収めた。これまでに揚陸した物資は一七八トン、便乗者三五七名である。しかし、すべて輸送作戦を潜水艦に託していたわけではなく、航空機の援護のもと輸送船団を形成して一気に物資・兵員輸送を試みた。その中で最も悲劇的な輸送作戦が第八一号作戦で、結果的に輸送船八隻が全滅、駆逐艦四隻が沈没。約三〇〇〇名の将兵が戦わずして南海に散ったのである。世にいうダンピール海峡の悲劇である。結果、再び潜水艦による輸送任務が活発化していく。

三月十三日以降、伊二〇潜が二回、伊五潜も二回、伊一二二潜も老体に鞭を打ち実施している。四月に入ると、ますます敵の勢力は増大し駆逐艦でさえ輸送は困難となり、もはや潜水艦だけが輸送の唯一の手段となっていく。

昭和十八年四月に入るとニューギニア、ラエ輸送は潜水艦のみに頼らざるを得なくなった。およそ一ヵ月の期間に一四回の輸送が実施された。一日おきのペースである。参加潜水艦は、伊六潜が五回、伊五潜と伊二〇潜が三回、伊一二二潜が二回、伊一六潜が一回の内訳である。合計物資は約二四〇トン、便乗者も往路復路合わせて約六五〇名で、記録が残っていない回もあることから約七〇〇名前後の人員輸送に貢献したことになる。

翌五月に入っても潜水艦による厳しい輸送任務は続けられた。五月は一九回実施され、参加潜水艦も伊五潜が五回、伊六潜が四回、伊一二一潜が三回、その他五隻の潜水艦が七回実施された。物資は約四五〇トン、便乗者も約一一〇〇名を数えた。

この際に潜水艦で山砲や高角砲が輸送された。狭いハッチにどうしたら大砲が収容できるかが疑問であるが、山砲はもともと山岳地帯での人力輸送を想定しているので、小さく分解が可能であったからであろう。

しかし、それでは一度の輸送門数に限りがある。そこで開発・使用されたのが運砲筒である。大発に似ている構造で魚雷二本を並べて推進するいわば双胴艇であり、五・七ノットを出すことができた。運砲筒には約一五トンの大砲を積載することが可能で、一五センチ榴弾砲なら三門は積載することができた。その大砲を積載した運砲筒を潜水艦後部に搭載し、目的地周辺に到達すると、運砲筒を切り離し浮上させ、あらかじめ乗り組んでいた乗員を潜水艦から運砲筒に乗り組ませて、最終的に陸岸まで自力走行が可能となるのである。

実際に後にニューギニア潜水艦輸送作戦において、二三回も輸送を成功させた艦長が指揮する伊三八潜でニューギニアへの運砲筒の輸送を成功させている。

昭和十八年六月、七月に入っても潜水艦よるラエ輸送は続けられた。六月は一〇回実施され、伊三八潜、伊一二一潜、伊一二二潜が従事し、約二二〇トンの輸送に成功している。さらに七月には七回、八月には一五回もの輸送が続けられた。その間のべにすると二二隻の潜水艦が投入された。

九月に入ると新たな輸送方法が投入された。運貨筒である。ガ島で使われた特型運貨筒や先の運砲筒とは同系列の輸送用小型潜水艇である。特型運貨筒と運砲筒は、潜水艦の甲板に搭載して目的地で切り離し、操縦員が乗艇して最終目的地に向かう。運貨筒には乗員が乗らず潜水艦が曳航する方式である。積載量は三七五トン、最大三〇メートルまで潜水艦と一緒に潜航することができた。九月五日にラエ輸送に使用され成功を収めている。

結局のところ九月は一一回、十月は一三回、十一月は一〇回実施されている。使用された潜水艦は八隻、延べにすると四〇隻にもおよぶ。そして苦難のラエ輸送も九月二十七日の伊六潜を最後に終息するに至る。ただしまだ残る拠点への輸送任務が、フィンシュハーフェンへの補給である。同地はラエの東に位置し、陸軍の第一船舶団、船舶工兵三〇〇名と海軍の第六四警備隊四〇〇名が存在していたのである。

輸送には伊一七六潜、伊一七七潜と伊一八〇潜が投入されたが、伊一七六潜が何とか敵の目をかいくぐり十一月一日の夜に物資揚陸に成功した。フィンシュハーフェン揚陸の最後の便となった。

潜水艦輸送任務の揚陸地点はどんどん後退をしていた。フィンシュハーフェンのさらに北にシオがある。シオ輸送は昭和十九年の十二月まで三ヵ月実施された。先の十月一三回と十一月一〇回に続き、十二月には一〇回、昭和十九年一月の伊一七七潜の輸送がシオの最後の任務となった。

昭和十九年一月二日早朝、ついにシオ付近に米軍が上陸を開始した。米軍はシオと補給基地であったマダンとの分断を図った。それでも潜水艦の輸送は続けられ伊一七七潜は、敵上陸の翌日には物資を満載してシオに向かった。魚雷艇や敵戦闘機の攻撃を受けながらも、最後の補給作戦を実施したが、シオ輸送はこれが最後となる。

これ以降、最後の補給場所としてガリが選択され、伊一七一潜、伊一八一潜、呂一〇四潜が投入される。しかしニューギニア輸送作戦の最後で犠牲が出た。伊一八一潜が一月十六日にガリに到着する予定だったが消息不明になった。ニューギニアの輸送作戦、実質の潜水艦の喪失は二隻にとどまったが、長期間にわたり、戦果なき多大な労力を費やされたのである。

33 遣独潜水艦

昭和十五年九月、東京の外相官邸とベルリンの総統官邸において日独伊三国同盟が締結された。これは昭和十一年の日独防共協定、昭和十二年の日独伊防共協定よりさらに三国の連携が強化された。しかし日本にとり同盟国との致命的なハンディがあった。それは日本と欧州との距離である。それでもドイツがソ連と事をかまえていない時期であればともかく、ソ連への開戦により日独の交流は事実上極めて困難な状況になったのである。

以前では商船を武装した特設巡洋艦でドイツとアジアを往復していたが、英海軍に捕捉されることが多く逆に貴重な最新兵器や重要な資源を敵側に提供する結果となる。さらに日米開戦により無線通信以外、ドイツとの連絡はまったくと言っていいほど途絶状態に陥ったのである。

日本海軍にとり、どうしても入手したい物があった。それはドイツの電波短信儀や暗号機である。ドイツ側も提供することに協力的であったが、しかし特設巡洋艦では拿捕される危険性が高い。万が一敵の手に渡れば一大事である。そこでドイツ側から大型で航続距離の長大な伊号潜水艦をドイツに派遣すれば譲渡の用意はあると提案がなされた。

日本側もドイツとの交流には潜水艦しかないであろうと検討していたこともあり、ドイツ派遣を実行に移すことを決意し、最新型の乙型潜水艦伊三〇潜を遣独潜水艦の一番艦に定めた。ドイツに向かうべく航路は余りに長大で困難であった。呉を出港する潜水艦は途中、シンガポールやペナンを経由してインド洋を渡り、アフリカ喜望峰をまわり大西洋に入る。敵の航空機の哨戒範囲を避けるために陸岸三〇〇浬以内には近づけない。そのコースは往復にすれば約二〇〇日、六五〇〇〇キロにもおよぶ大航海であった。

遣独潜水艦は全部で五隻派遣された。しかし往復路ともに成功したのは一隻のみで、往路で二隻、復路で二隻が撃沈された。まずに派遣されたのは前述の伊三〇潜である。伊三〇潜は開戦後に新編された第八潜水戦隊の甲先遣支隊の一艦として、昭和十七年四月十一日に呉を出港した。伊三〇潜はそのまま欧州をめざしたわけではなく、ペナンを経由してアフリカ東岸の偵察、インド洋の交通破壊戦に従事した後に派遣を命ぜられている。

特設巡洋艦「報国丸」から補給を受けて、インド洋を出発した伊三〇潜は喜望峰をまわり、世界屈指の海の難所「ローリング・フォーティーズ」に挑まなくてはならなかった。この海域は、南緯四〇度を中心に東西一〇〇〇浬、南北二〇〇浬にわたる広大な海面で、つねに四〇メートル近い西寄りの強風が吹き荒れる難所中の難所である。

伊三〇潜は風波に翻弄され続け、艦橋見張員はロープで身体を固定しなくては危険な有様だった。距離からすれば五日間で通過できる海域を六日たってもまだ海域の半分にやっと達するような状況にあった。そんななか、七日目についに故障が発生してしまう。主機の排水口から海水が入り込み、主機が両舷とも停止してしまったのである。嵐の真っただ中で機関が停止することほど危険なことはない。ただちにバッテリー航行に切り換えたが荒波を突き進む力は少なく、やがてこのままでは電池を消耗する。必死の機関復旧作業の結果、見事故障を修理し二週間かけて魔の海域を突破することに成功した。

このような多大な労力を費やして、ついに伊三〇潜は昭和十七年八月六日、フランスのロリアンに入港を果たした。まだ欧州の戦局が安定していたこともあり、伊三〇潜の遠藤忍艦長以下ドイツ側の大歓迎を受けた。

わずか二週間という短い滞在であったが、パリ見学などドイツ側の手厚い歓迎を受けた後、八月二十二日ロリアンを出発し、ドイツから電波短信儀やエニグマ暗号機も搭載して一路日本に向かったのである。

復路はローリング・フォーティーズも追い風となり難なく突破し、順調にインド洋を渡りペナンに到着。そのまま日本に帰国の予定だった。しかし一刻も早くエニグマ暗号機を確保したい海軍省兵備局の独断で、シンガポールに立ち寄り暗号機を陸揚げするように命じたのである。

しかし、この独断が、伊三〇潜に悲劇をまねく。シンガポール入港は無事果たしたものの、出港時に機雷に触雷して沈没、一三名の戦死者を出してしまうのである。あれだけ苦労した遣独任務があと一歩というところで徒労に終わり、肝心の目的であった電波短信儀は水没、あわてて引き揚げたものの使い物にならなかった。

第二陣は伊八潜である。伊八潜は巡潜三型で潜水戦隊の旗艦能力を持ち、一万四〇〇〇浬という長大な航続距離を誇る大型の潜水艦であった。今回の遣独任務には特別な任務が付加されていた。それはドイツからインド洋での交通破壊戦をもっと活発に実施してもらいたいという意向として、第一線のUボートを二隻譲渡するという提案があった。

一隻はドイツ人の手で、もう一隻は日本人の手で日本に回航されることとなった。このUボートの回航員をドイツに便乗者として送り届けるのが今回の主任務である。

伊八潜は大型とはいえ通常八〇名の乗員が乗っている。それに加えて乗田貞敏艦長以下五二名が乗りこむのである。艦内の不自由さは想像を絶する。五二名のスペース確保には、予備魚雷を積載しているところを取り払い、さらに便乗者が七名、搭載物資は生ゴム、錫、タングステン、モリブリテン、キニーネなどを積んだ。これらはドイツ側が日本に求めた南方資源で、日本の技術については酸素魚雷以外の兵器にはあまり関心を示さなかった。

伊八潜は昭和十八年六月一日に呉を出港した。途中シンガポールとペナンを経由することとなった。インド洋で今度は潜水艦に補給してもらい、喜望峰を迂回するが伊三〇潜が辛酸をなめたローリング・フォーティーズで同じような猛烈な波風の洗礼を受けた。上甲板に穴が空いたり、カタパルトの側板が流出したり、飛行機格納筒付近の左舷側板が大きく剥ぎ取られ大穴が空くなど大変危険な状況に追い込まれた。

内野艦長は決断し、航空機哨戒圏内に入る危険をおかしても一旦はローリング・フォーティーズを去り、まずは応急修理を急がせたのである。その適確な決断もあり伊八潜は八月三十一日、無事ブレストに入港した。この時期、前回の伊三〇潜のときとは異なり欧州の戦局はドイツに劣勢となっており、観光で訪れたパリの街もデパートも閑散としていたという。

復路は陸用・潜水艦用電波短信儀、魚雷艇の発動機、急降下爆撃機用照準器、最新式四連装対空機銃、電波探知機（逆探）など五六品目にもおよぶ重要な物資と、大使館付武官やドイツ人の便乗者も含めて一四名の便乗者を乗せ、ペナンに経由せずシンガポールで一息をついて日本には十二月二十一日に帰着した。遣独潜水艦往復路完全成功である。じつに二〇四日、三五〇〇浬の大壮挙で、慎重かつ大胆な艦長内野信二中佐ならではの成功だった。

三隻目の遣独は昭和十七年八月に竣工したばかりの新鋭艦、伊三四潜を派遣した。昭和十八年十月十三日に呉を出港、シンガポールに立ち寄り、錫、生ゴム、タングステンなどの南方資源を搭載して十一月十一日、ペナンに向けて出港したが、十三日にペナン港外で英潜水艦「トウラス」の待ち伏せを受け雷撃により沈没した。それでも一四名の乗員が生存したのは不幸中の幸いだった。

四隻目に派遣されたのは、伊二九潜である。艦長は伊一九潜時代に一回の魚雷攻撃で空母「ワスプ」撃沈、戦艦一隻大破、駆逐艦一隻沈没という驚異的な戦果を挙げた木梨鷹一艦長である。「松」と秘匿名称を与えられた伊二九潜は十一月五日に呉を出港。シンガポールで小島秀雄少将以下一六名の便乗者を乗せてドイツに向かった。

伊三四潜のことがあるので今回はペナンに立ち寄らず、そのまま大西洋をめざしたのである。途中の苦難はこれまでの潜水艦と同様であったが、とくに大きな支障もなく昭和十九年三月二十一日にロリアンに入港を果たした。三隻目の遣独成功であり最後の遣独潜水艦でもあった。

復路は四月十六日に小野田捨次郎大佐、陸軍中佐二名、巌谷英一技術中佐や野間口光雄技術少佐など技術士官を含む一四名が便乗して日本に向かった。伊二九潜にも貴重な物資が搭載された。それはＭｅ163型及びＭｅ262型の噴射推進式戦闘機に関する資料で、のちに前者はロケット戦闘機「秋水」、後者はジェット戦闘機「橘花」として開発された。

伊二九潜は順調に日本に向けて航海を続け、七月十四日にシンガポールに到着することができた。ここで技術士官らは貴重な機密兵器の図面などの資料とともに艦を降り、空路日本に向かった。伊二九潜は七月十二日にシンガポールを出港、呉に向かったが、七月二十五日の早朝にパリンタン海峡を浮上航行しているところを米潜水艦「ソーフィシュ」に雷撃され沈没した。

最後の遣独は伊五二潜である。昭和十九年四月二十三日、七名の技術者を乗せてシンガポールを出港し、フランスのビスケー湾をめざした。大西洋上で六月九日にドイツＵボートとランデブーする予定であったが、六月六日に連合軍がノルマンディーに上陸したのでビスケー湾進入は危ぶまれていたのである。

しかし、この一連のやりとりを傍受していた連合軍は護衛空母を主体とする潜水艦攻撃部隊を至急会合現場に急派させた。ランデブー当日の深夜、護衛空母の艦上機の爆雷や音響追跡魚雷の攻撃により伊五二潜は沈没した。以上五回にわたる遣独潜水艦は伊八潜しか完全成功はなかった。しかしその中でも、数多くの貴重なドイツの新兵器が日本にもたらされたが、当時の日本の技術や急迫する戦局の中では実用化が極めて困難であった。

34 悲劇のギルバート作戦

昭和十八年後半以降は、日本の潜水艦にとり非常に厳しい戦いが続いた。そのはじまりがギルバート作戦である。昭和十八年十一月一日に、連合軍はブーゲンビル島タロキナ岬に上陸。北部ソロモン諸島を制圧し、さらに東部ニューギニアのフィンシュハーフェンでも連合軍は優勢で、ラバウルはますます孤立の度を進めていった。

そのような情勢のなか、中部太平洋方面への連合軍の侵攻は昭和十八年末と予想されていた。ところが十一月十九日、米機動部隊はギルバート諸島に来襲。二十一日、タラワ、マキン両島に上陸を開始した。同島を守る守備隊は海軍の特別根拠地隊や特別陸戦隊で、海軍の陸戦隊の中でもとくに精鋭の部隊であり、米軍の損害は多大で後に「恐怖のタラワ・マキン」と呼ばれた。

連合艦隊は、同地区の航空部隊は兵力が少なく、目立った反撃は期待できないと判断。巡洋艦部隊を送りかけたが、トラック島からでは遠すぎて後に中止となった。結局、潜水艦で阻止するしか方法がなかった。

当時、第六艦隊の潜水艦は、南東方面部隊（ソロモン・ニューギニア）及び南西方面部隊の初陣であった。

その中で、ギルバート諸島に急派できる潜水艦は九隻に過ぎず、うち二隻は竣工したばかり（フィリピン・蘭印・マレー）への派遣兵力が多く、先遣部隊の兵力は一六隻しかなかった。

先遣部隊指揮官は、直ちに九隻で甲潜水部隊を編成、散開線を展開し、後に配備の一部を変更して三隻をタラワ島周辺へ、一隻をマキン島周辺に向かわせた。しかし、タラワ島に向かった三隻全部を含む六隻が未帰還となった。この六隻はレーダーやソナーで探知され、執拗な爆雷攻撃を受けてつぎつぎと撃沈されていった。

生還した三隻も爆雷などの被害が大きく、場合によっては全隻未帰還という可能性もありえた惨憺な結果となった。戦果は伊一七五潜が護衛空母「リスカムベイ」を撃沈しただけであった。太平洋戦争中、無傷の米空母を撃沈したのは伊一九の「ワスプ」と、この「リスカムベイ」の二隻だけである。

「リスカムベイ」は魚雷を弾庫に受け、航空機用爆弾が誘爆を起こし、後部が吹き飛んでしまった。わずか二三分で沈没、六四三名の乗員が戦死して米海軍三大悲劇のひとつに数えられた。ギルバート作戦における九隻中六隻未帰還の深刻な損害を受け、第六艦隊司令部では原因探求に努め、次の結論に達した。

一、敵の進攻地点や時期の判断を誤り、潜水艦作戦に時間的余裕がなく、他の作戦途中の潜水艦も投入せざるを得なかった。

二、派遣できる潜水艦が少なかったため、竣工まもない潜水艦まで投入することになった。

三、敵の対潜警戒がとくに厳重な海域に、比較的多数の潜水艦を派遣する傾向にあった。
四、敵情の変化に応じて潜水艦を配備することは当然であるが、その移動が過敏であり無駄な移動が多い。
五、進歩する敵の対潜兵器の具体的な状況を得られていない。

これらの諸問題は戦争初期から何度も問題視されていることで、潜水艦の運用を根本的に変更し、敵主力艦への襲撃重視から交通破壊戦に重点を置くべきではないかと論議されても、なかなか変更することはできなかった。そればかりか、毎日のように散開線の配備を変更し、加えてしばしば敵情報告を求めており、最も重要な潜水艦の隠密性を維持するような運用になっていなかった。

さらに、生還した潜水艦長が第六艦隊司令長官に対し、「飛行機と駆逐艦を中心とする水上軽快艦艇が協同した対潜掃討法に対して、電探も持たない、水中速力二ノットから三ノットで四〇時間しか連続潜航できない潜水艦で正面からぶつかれば自滅するのみだ。少しも戦果を挙げ得ずして撃沈されたと認めざるを得ない」と所見を述べたところ、長官は、「還らざる艦はみな戦果を挙げたものと認める」と断固として強硬使用法の不可なる理由を認めなかったそうである。

35 護衛空母「リスカムベイ」撃沈

昭和十八年十月十六日、伊一七五潜はハワイ周辺の交通破壊戦に従事するため、トラック島を出撃した。行動予定はおよそ一ヵ月。ハワイ群島付近で昼間は潜航、夜間に浮上して敵艦船の遭遇を待った。

予定の一ヵ月の行動を終え、トラック島へ帰投せよとの電報を受け取り帰路の洋上で驚くべき知らせが入った。米軍のマキン・タラワ上陸の第一報である。伊一七五潜は直ちにマキン島周辺に急行し、米艦隊を襲撃せよとの命令である。以後日本海軍の潜水艦にとりギルバート作戦から終戦まで一方的といえる損害を戦果なく受けるのである。

タラワ島はトラック島から南東二〇〇〇キロのところにある、ギルバート諸島のなかでも最も重要な環礁で、諸島中ただひとつの飛行場を持っていた。中部太平洋における日本軍の最前戦基地で、海軍の特別陸戦隊、根拠地隊約五七〇〇名が死守していたのである。

ここに米海兵隊三個連隊、約一万七〇〇〇人が殺到したのである。予想では速やかに制圧できると思っていたが、日本軍の頑強な抵抗にあい、最初に上陸した海兵隊約五〇〇〇名のうち、その三分の一は死傷したといわれ、後に「恐怖のマキン・タラワ」と呼ばれた。

ギルバート作戦には九隻の潜水艦しか投入することができず、あげくに九隻のうち六隻が沈没となり、戦果は唯一、伊一七五潜が撃沈した護衛空母だけであった。伊一七五潜は夜のうちにマキン島に到着し、ようやく海の上が明るくなりかけたとき、田畑直艦長は潜望鏡で一隻の空母を発見した。上陸部隊を守る第五二・三部隊の旗艦である護衛空母「リスカムベイ」を発見したのである。ただちに伊一七五潜は襲撃運動に入った。司令塔から空母発見、襲撃のことは艦内に伝えられた。

午前二時十分、艦長の号令で前部発射管から四本の魚雷が米空母に向けて発射された。それから数十秒、乗組員は全員祈るような気持ちで、いつ命中の轟音が聞こえてくるか耳を澄ませていた。待っている時間というのは長く感じるものだ。命中しなかったのかと思いはじめた頃、ついに相次ぐ三つの大音響が海中の艦内に響いてきた。

しかし実際に命中したのは一本である。ただ「リスカムベイ」にとり不運だったのは数秒後に航空機用爆弾庫が爆発したことだ。飛散した破片は一三〇〇メートル離れていた戦艦「ニューメキシコ」にも降ってきたそうである。「リスカムベイ」は後部三分の一が切断、二三分という短い時間で深さ一〇〇〇メートルの海に沈んでいった。司令官以下、士官五二名、下士官兵五九一名が戦死。米海軍の悲劇の一つと言われた。

しかし、その後、今度は伊一七五潜が攻撃される番である。艦はただちに潜航できる最大深度まで潜り無音潜航に入った。ところが何時間たっても一向に攻撃して来る様子がない。潜水艦映画などで描かれる、攻撃の後に迫り来る駆逐艦、猛烈な爆雷の洗礼を想像するが不気味なくらい静かである。じっと何もしないで、ただいつかやって来る爆雷を待っている気持ちは一種の精神の硬直状態である。

前夜から乗員は皆、食事をしていなかったため、午前四時頃、艦長は主計兵に戦闘配色を命じた。戦闘配食の際、金属函を主計兵が持ち歩いたことによる音源を探知されたのか、しばらくして聴音器が二隻の駆逐艦のスクリュー音をとらえた。最初ははるか遠方で爆雷が破裂する音がしていたが、かなり長い間遠くの方で聞こえていた。しかしやはり来るものはやってきた。シュッシュッと音がしたと思った瞬間、艦は突然、激しい衝動で上下に揺さぶられ、電灯は消え、棚から物が落ち、艦内は一瞬で真っ暗となった。乗員がとっさに頭に浮かんだことは沈没だった。幸いにも損傷軽微で電灯も修理によって再び点灯された。しかし頭上の駆逐艦からの爆雷攻撃は続く。スクリュー音が近づくたびに司令塔から「また爆雷が来る」と伝えられ、全員がそのたびに身を固くした。このことが何回繰り返されたか、米駆逐艦の執拗な攻撃はじつに七時間にもおよび、三〇数発の爆雷の至近弾を受けた。しかしついに沈没はまぬかれ、午後二時頃駆逐艦のスクリュー音はしだいに遠ざかり、やがて日没をむかえ、伊一七五潜は助かった。

36 悲劇のナ散開線

昭和十九年に入り、太平洋の戦局はますます急を告げていた。ギルバート諸島に次いで、二月上旬にはクェゼリンが失われ、マリアナ諸島、カロリン諸島、そして西部ニューギニアに米軍は迫りつつあった。日本は、米軍の次の上陸地として、パラオ空襲などをもとにカロリン諸島と想定していた。よって第六艦隊では、ニューギニア北岸やパラオ諸島方面に米空母部隊が現われると予測したのである。

そこでアドミラルティ諸島の北東一二〇浬に、七隻の潜水艦を三〇浬ずつの距離を置いて配置した散開線を形成した。これを「ナ散開線」と称した。七隻は「小型」呂号潜水艦で、五月二十二日頃までには配置を完了した。散開線とは日本海軍の潜水艦が運用した哨戒方法で、複数の潜水艦を敵が通過する海域に等列に配置する。その距離は約三〇浬で、条件が許せば隣の潜水艦の姿を視認できる。等間隔で配列して潜水艦のいずれかで敵艦隊を発見した場合、触接を続けながら味方潜水艦を呼びよせ、複数で敵艦を襲撃する方法である。散開線にはアルファベットやカタカナで表記し、「A散開線」「ヤ散開線」などと称した。後に哨戒範囲を拡大して散開面とも称した。

五月二十二日、散開線の一番北にいた呂一〇六潜が敵哨戒機のレーダーに探知された。第六艦隊司令部は被発見を避けるため、三隻（呂一〇六潜、呂一〇四潜、呂一〇五潜）に配備変更の指示を出したが、それが仇となった。つまり変更命令の無電をハワイの米軍が傍受したのである。

潜水艦が複数存在する情報を得た米対潜掃討部隊は、駆逐艦三隻を急派する。アドミラルティ諸島マヌス島から飛来した哨戒機が日本の潜水艦を発見。駆逐艦「イングランド」がレーダー追尾を開始した。発見された呂一〇六潜は急速潜航する。しかし、この時期の米軍のソナーの探知距離は、レーダーの探知距離とほぼ同一で、たとえレーダーが失探しても、ソナーで追尾を継続することが可能となっていた。

爆雷に加え、新型対潜兵器「ヘッジホッグ」（多弾散布型の前投式対潜兵器。一回の発射で二四発弾体が水中降下し、一発でも目標に命中爆発すると、水中衝撃ですべての弾体が誘爆する）の攻撃に遭い、呂一〇六潜は沈没。翌五月二十三日、レーダーが再び潜水艦を探知した。呂一〇四潜である。「イングランド」はヘッジホッグを斉射し、最後に爆雷を投下。呂一〇四潜は沈没した。五月二十四日、続いて呂一一六潜が探知された。

この時点で米側は、日本の潜水艦は等間隔に配置されていることに気がついた。呂一一六潜は二度にわたり「イングランド」の攻撃を回避したが三度目に捕捉され「ヘッジホッグ」で沈められた。五月二十五日には散開線の一番南に配置されていた呂一〇八潜が探知された。「イングランド」が三七〇〇メートルまで追い詰めると、呂一〇八潜は潜航したがやはり

「イングランド」の攻撃に沈没してしまう。それとは別に護衛空母「ホガット・ベイ」と駆逐艦二隻は「イングランド」などの三隻の駆逐艦の補給のため、哨戒区を離れるため交代で同海域に配備された。ただちに補給を終えた「イングランド」は五月三十日に「ホガット・ベイ」に合流、再び対潜哨戒を開始する。

そして呂一〇五潜が探知されてしまう。護衛空母以下の駆逐艦に包囲された呂一〇五潜は、ソナーで追い詰められ、ついに「イングランド」の放ったヘッジホッグに沈められてしまうのである。なんと同一海域で一隻の駆逐艦に五隻もの潜水艦が相次いで撃沈されたのである。

伊一六潜も、別海域で「イングランド」の攻撃を受け沈没しているので、同駆逐艦は一週間で六隻の潜水艦を沈没させたことになる。戦死者総数は六艦で三七八名にのぼった。これが「ナ散開線の悲劇」である。また別の散開線では呂一一一潜が沈没しているので、ニューアイルランド島北方で失われた潜水艦は六隻を数えたのである。ただし、同じ散開線に配置されていて撃沈されなかった潜水艦が二隻いる。呂一〇九潜と呂一一二潜である。この二隻は等間隔に潜水艦を並べるのは危険と判断して、独断で一〇〇浬ほど移動して助かっている。しかしながら、この二隻の艦長は勝手に散開線を外れたということで後に叱責されたという。

37 サイパン島・マリアナ沖海戦における潜水艦

絶対国防圏と称した防衛ラインの突出部サイパン島の死守は、戦局打開には必要不可欠であった。そのため潜水艦隊である第六艦隊司令長官高木武雄中将は先任参謀、通信参謀、航海参謀を従え、昭和十九年六月六日にサイパン島に空路進出を果たした。

当時、サイパン島には三隻の呂号潜水艦しかなく、その他の潜水艦を指揮する能力も満足にない状態での艦隊司令部進出だった。しかも何とこの進出後わずか九日後に米軍はサイパン島に上陸を実施してきた。もはや潜水艦隊を指揮する術も余裕もなく、サイパン島守備隊として戦うはめになり、あげくにはトラック島にいる部下第七潜水戦隊司令官大和田昇少将に指揮を委ねる始末となった。

米軍の攻略目標がサイパン島と知ると連合艦隊は十五日に「あ号作戦」を発動、十九日からマリアナ沖海戦が始まった。結果はよく知られているとおり、満を持していた小沢艦隊の空母機動部隊は、質・量ともに勝る米機動部隊の前に敗れさった。一方潜水艦部隊は、サイパン島にいた呂号だけでは太刀打ちできず、急遽、トラック島から呂号潜水艦五隻を派遣。続けて伊号潜水艦八隻、呂号潜水艦三隻が増派され、サイパン島の東側に一九隻の潜水艦が散開線を展開した。

また甲標的もサイパン島に五隻進出する計画だった。そのうち最初の三隻は予定どおりグアム島経由で無事、サイパン進出を果たした。しかし残りの二隻の甲標的は、サイパン進出は叶わなかった。輸送船「蓬来山丸」「昭建丸」に搭載されて、同島に向かったがまたたくまに撃沈され、甲標的も道ずれに姿を消した。それでも三隻の甲標的は進出できたが、容易に攻撃を実施できない。なぜなら途中の輸送を失敗したことで、基地人員や資材、クレーンなどが準備できず、甲標的部隊は司令部ともども玉砕を余儀なくされた。

各々の潜水艦は実績をあげていた対空レーダー、三式一号電波探信儀、通称一三号電探を装備していた。しかし結果的にはサイパン島攻防戦で五隻の潜水艦（呂三六潜、呂一一四潜、呂一一七潜、伊一八四潜、伊一八五潜）が犠牲となった。しかし犠牲に対して、小沢艦隊には潜水艦としては戦果の上で貢献できずに終わっている。

生還した潜水艦は一三号電探が探知できなかったとクレームが相次いだ。確証がないが沈められた五隻の潜水艦にも同じような現象が起きていたかもしれないが、生還した潜水艦の電探を調査してみると、アンテナ内部に海水が漏洩していることがわかった。これにより電子部品が海水に侵食されて探知が不能になったのである。対策は潜望鏡内の結露防止用の温風を、電探内に吹き込むことにより乾燥を確実なものにした。

太平洋戦争における潜水艦作戦は、このマリアナ沖海戦と五月の「ナ散開線の悲劇」から転換期を向かえた。米英海軍の優れた対潜戦の前に、日本海軍の潜水艦は一方的に駆逐されていく。結局、終戦までの一年四ヵ月の間、潜水艦による戦果はほとんどなく、逆に六六隻の潜水艦が沈没していくのである。

しかしあわせて追い打ちをかけるように潜水艦部隊には悲劇が襲った。進出後わずか九日で敵の上陸により孤立した第六艦隊司令長官救出のため二隻の潜水艦が未帰還になったのである。第六艦隊長官は伊四一潜に救出命令を下令した。しかし伊四一潜は別の任務の関係で収容場所には行けず、代わりに伊一〇潜が警戒厳重なサイパン島に接近、同島東岸タロホホ河口で司令部を待った。いくら待っても司令部との合流ができないため、収容を断念し島を離れたところで行方不明になった。

次に六月二十八日、伊三八潜に迎えに来るように命令がなされた。だがやはり警戒厳重で島に接近が困難である。続いて七月一日に伊六潜にも収容命令が下された。しかし伊六潜はサイパンに向かう途中に行方不明となってしまう。結局、長官を救出することはできず、七月五日夜に最後の電文を放って玉砕してしまう。サイパンに進出してわずか一ヵ月のことである。長官救出作戦の代償は少なくなかった。伊六潜、伊一〇潜という旗艦設備を持つ大型で開戦時から歴戦の潜水艦を失い、両艦の乗員二〇七名もが戦死したのである。

38　レイテ沖海戦と回天作戦

昭和十九年十月十七日、米軍はフィリピンのレイテ湾入り口のスルアン島に上陸。連合艦隊は翌十八日に捷一号作戦を発動した。それを受けて先遣部隊指揮官は、直ちに内地にいた潜水艦を緊急出港させるなど、現勢力で可能な限りレイテ島周辺に潜水艦を集結させた。

潜水艦五隻をもって甲潜水部隊、七隻をもって乙潜水部隊、二隻をもって丙潜水部隊を編制。レイテ島沖にA散開線三隻、B散開線四隻、別途甲潜水部隊四隻をもって敵の進出を待った。先遣部隊指揮官はレイテ沖海戦の戦機が近づいてきた十月二十三日（比島沖海戦は十月二十三日から二十五日）に、各潜水艦はレイテ湾口付近南北にわたるよう配置下令した。

伊五六潜は二十四日にミンダナオ島東方海面で輸送船三隻の撃沈を報じている（未確認）。

二十七日、先遣部隊指揮官は潜水艦の大部をレイテ湾東海面、一部をラモン湾北東海面に配置するように命令をくだした。各艦には敵機動部隊への奇襲及び輸送の遮断を命じたが、伊四一潜が敵空母撃沈の報告をしたが戦果は確認できず、結局大きな戦果もレイテ湾突入を企図した水上部隊への寄与もなく、十一月七日以降、各潜水艦は逐次帰投を命令された。

戦果については、伊五六潜がLST一隻撃破、空母「サンティー」撃破とされているが未確認である。伊四五潜が駆逐艦一隻撃沈。伊四二潜が軽巡「レノー」撃破を数えたが、味方潜水艦は伊二六潜、伊四五潜、伊四一潜、伊四六潜、伊三八潜の六隻が未帰還となった。

レイテ沖海戦の敗北により、事実上連合艦隊は艦隊をもって米艦隊との決戦を臨むことはとうてい不可能となった。そこでかねてより開発・訓練中であった回天特別攻撃隊の実施を決断したのである。昭和十九年十一月八日、菊水隊が編成され大津島を出撃した。潜水艦は三隻で伊三六潜には回天四基を搭載し、当時米海軍の最大の艦隊泊地であったウルシーをめざした。

同じく伊四七潜は回天四基を搭載してウルシーへ向かい。もう一隻伊三七潜は、やはり回天四基を搭載してパラオ島方面に向かった。伊四七潜には回天の発案者の一人である仁科関夫中尉他三名の回天搭乗員が乗艦していた。十一月二十日、ウルシー湾口から一号艇の関中尉、三号艇、四号艇、二号艇の順に次々と発進していった。同じくウルシー湾口からは伊三六潜から二艇が発進した。残る二艇は一艇が交通筒に固着して発進できず、もう一艇は操舵室が浸水してしまったため、発進ができなかった。

伊四七潜、伊三六潜から発進した回天は五艇で、午前五時四十七分、ウルシー泊地に大火柱があがった。油送艦「ミシシネワ」を撃沈したのである。回天初陣の初戦果である。しかし五艇のうちどの艇が突入したのか明確ではない。

もう一隻の伊三七潜は、別路パラオ諸島コッソル水道西口で浮上したところ、米軍の設網艦に発見され、駆けつけた駆逐艦二隻のソナー探知による爆雷攻撃を受け沈没してしまった。

艦長以下全員戦死、回天搭乗員は母潜と運命を共にした。

続く昭和十九年には金剛隊が編成された。金剛隊は六隻で実施され、伊五六潜、伊四七潜、伊三六潜、伊五三潜、伊五八潜、伊四八潜でいずれも回天を四基搭載した。先発したのが伊五六潜で十二月二十一日に大津島を出撃、アドミラルティ諸島マヌス島をめざしたが、敵飛行機と哨戒艇の厳重な警戒に、ついに回天を発進することはかなわず、回天を搭載したまま基地にもどるよう命令された。

伊四七潜は十二月二十五日に出撃してホーランディア方面に向かった。途中グアム島沖で筏に乗って漂流していた日本兵を発見、回天搭乗員川久保輝夫中尉が「われわれ四人の代わりに生還するのはめでたいことです」と艦長に収容具申、収容した。一月十一日、ホーランディア泊地に四基の回天が突入していった。伊三六潜は十二月三十日に大津島を出撃、ウルシー泊地に向かい、途中座礁するも離礁に成功し、一月十二日に四基発進し弾薬輸送艦「マザマ」を損傷させている。

伊五三潜はパラオ方面に向かうため同じく十二月三十日に出撃し、コッソル水道に接近した一月十二日、四基の回天のうち二基は発進したが一号艇は発進後まもなく沈没。二号艇は悪ガスが発生し搭乗員が失神して出撃を断念している。伊五八潜も十二月三十日に出撃し、グアム島に回天四基を発進して生還している。最後に伊四八潜は、年が明けた昭和二十年一月九日に出撃したが、ウルシー方面で母潜ともに行方不明となり未帰還となっている。

39 フィリピン・セブ島での甲標的の戦い

昭和十九年六月にマリアナ沖海戦で機動部隊が壊滅的な被害を受け、サイパン島が失われた、それまで後方中継基地としての位置づけであったフィリピンが、にわかに第一線となったのである。そのような戦局のなか、中部比島防備強化のため、八月、セブ島に第三十三根拠地隊が新設され、開戦前から甲標的母艦の「千代田」の艦長として「甲標的育ての親」といわれた原田覚少将が司令官に任命された。

原田司令官は八月十六日、セブ市に将旗を掲げた。原田司令官はセブ基地に、整備修理施設、発電機、引き揚げ施設等を設置し、魚雷、部品、食糧等の備蓄を図った。またズマゲテの前進基地、スリガオ見張所を整備し米軍の来攻に備えた。

十月十八日、連合艦隊は米軍レイテ島上陸により捷一号作戦を発動した。周知のとおり、海軍はレイテ沖海戦においては壊滅的な敗北を喫した。陸軍もついに第三十五軍はレイテを放棄、ミンダナオにおける抗戦継続の意図を固めざるを得なくなった。

甲標的は丙型で、昭和十九年九月にミンダナオ島ザンボアンガに七八、七九号艇が進出。十月下旬には八一～八四号艇、十二月に六九、七六号艇がセブ島に進出を終えた。ここにおいて主基地セブを核とし、スリガオ見張所、ズマゲテ前進基地のシステムが完成した。

一月二日午後、スリガオ見張所は、米軍の掃海艇らしい小型艦を先頭に一〇マイルにおよぶ大部隊の通過をセブに報告した。この報告を受け、八四号艇が攻撃に向かった。敵船団は之字運動中であるが、前方集団の大型船を狙って魚雷二本を発射した。敵船団は魚雷回避のため一斉回頭の際、転舵方向を誤り衝突が発生した。よって八四号艇艇長松田作一兵曹長は「魚雷命中確実、衝突によりさらに二隻沈没」と報告した。アメリカ側の資料によれば「敷設艦『マナドノック』が魚雷回避を誤り僚艦と衝突破損した」とあるが沈没の戦果は確認できていない。

続いて一月四日の日没後、多数の艦船がスリガオ通過の報告がもたらされた。六九、八一、八二号艇は五日早朝にズマゲテを発進、要撃海面に向かった。六九号艇、艇長は島良光大尉、艇付は川上鉄男上曹で出撃五時間後に敵船団を発見、艇長が潜望鏡を見ると視野一杯に無数の船が確認できたという。一本目の発射後の艇首を押さえ込むための横舵操作、二本目の発射後に増速してそのまま直進した。変針して回避するより、船団の下にもぐりこんだ方が攻撃されにくく、また転舵により艇首が持ち上げられるのを防げるからである。六九号艇は無事帰還。

この日、セブ甲標的が攻撃した部隊はマッカーサー元帥の率いるリンガエン上陸部隊で、陸上砲撃部隊の中心陣形にある巡洋艦「ボイス」にマッカーサーが乗艦していたのである。そうとは知らず、八二号艇は魚雷を発射したが命中せず、逆に護衛の駆逐艦「テイラー」の体当たりを受けて、セブ甲標的部隊で唯一の未帰還になっている。この後、おおむね各艇は二週間に一回の割で出撃した。途中、八三、七六号艇が事故で失われたが、あらたにミンダナオ島サンボアンガから自力で七八、七九号艇がセブに合流を果たした。

こうした反復攻撃はアメリカ軍がセブ島に上陸する三月末まで繰りかえされ、総戦果は計一八隻におよび、三月十九日、南西方面艦隊司令長官から「武功抜群なり」と賞状を授与されている。戦後に調査したアメリカ側資料から確認された戦果は駆逐艦一隻大破のみで、後は操艦を誤って衝突した敷設艦が一隻あるのみである。

二月下旬に至り、魚雷は消耗し内地からの補給を要請したが、輸送予定潜水艦が沖縄作戦に転用され備蓄魚雷は皆無となった。その後、甲標的搭乗員や整備員を含む第三十三根拠地隊はセブ市内の陣地にこもり三週間にわたって頑強な抵抗を続けた。陸軍部隊の転進にともない山中を移動。飢餓と病魔につぎつぎと倒れ、終戦により山を降りたときには当初約五〇〇〇名だった兵力は約三〇〇〇名に減っていた。甲標的隊員は山中でも果敢な戦闘をつづけ、島隊長をはじめ多くの隊員がセブの山中の露と消えた。

40　硫黄島回天作戦

昭和二十年二月十九日、米軍は硫黄島上陸作戦を開始した。硫黄島は東京から南方に一二〇〇キロ離れた火山島である。絶海の孤島ともいうべき存在であるが、米軍が占領したい目的はほかでもなく、戦闘機の護衛を付けての爆撃機により日本本空襲の前線基地としての利用価値である。故に守る日本軍の硫黄島守備隊は持久戦に徹した。すでにマリアナ沖海戦、レイテ沖海戦に敗北した日本海軍は米軍の前になすすべもない状態であった。そうしたなかで編成されたのが回天特別攻撃隊の千早隊と神武隊である。

千早隊は硫黄島米軍上陸を受け、急遽、編成されたもので伊三六八潜、伊三七〇潜、伊四四潜の三隻であった。伊三六〇潜と伊三七〇潜は輸送用潜水艦の丁型、伊四四潜は乙型改一である。ただし回天攻撃において、これまでの菊水隊や金剛隊とは異なっていた。それは硫黄島付近を航行中の敵艦船への攻撃である。すなわち敵が警戒する湾内に碇泊する艦船に対して突入するのでなく、航行艦突入を企図したのである。

しかし、必ずしも成功の確率が高まったとはいえず、むしろ敵艦隊の護衛が厳重な中に突入を果たすこととなり困難を増す結果となった。結果的に千早隊の伊三六八潜、伊三七〇潜は各々五基の回天を搭載し硫黄島付近の海域に進出を果たしたが、攻撃予定期日を過ぎても何も連絡がなく、作戦を中止し帰還を命じたが、ついに二隻とももどることはなかった。

戦後に判明した米側の記録によると、伊三六八潜は二月二十七日硫黄島西方で、護衛空母「アンチオ」の搭載機の爆撃により撃沈された。また伊三七〇潜は二月二十六日早朝、硫黄島からサイパンに向かう船団護衛中の駆逐艦「フイネガン」が硫黄島西方にてレーダーで探知。その後ソナー探知を続け、爆雷攻撃により沈没させられている。

残る伊四四潜は回天四基を搭載し、二月二十五日には硫黄島海域に進出。さっそく回天発進の機会を狙った。しかし硫黄島周辺海域の対潜警戒は極めて厳重で、またたくまに爆雷の間断のない集中攻撃を受けるに至った。

結局、伊四四潜は、潜航時間は三〇時間を超え、艦内は炭酸ガスの濃度は上がり、同時に気温・湿度や艦内気圧が乗員を苦しめた。艦長はこれ以上の潜入は困難と判断し、水中を低速で離脱を図り、やっとの思いで敵の対潜網から脱出ができた。結局回天の発進が実施できなかったが、四七時間にもおよぶ潜航時間は当時の潜水艦としては限界を超えた超人的な忍耐力が、伊四四潜の生還をもたらせたといって過言ではない。

しかし伊四四潜の艦長は帰還後、第六艦隊司令部の査問委員会にかけられた。戦闘を回避したという理由で叱責を受けたのである。四八時間制圧という、他にほとんど類例を見ない制圧から生還した艦長は伊四四潜の艦長を更迭され、練習潜水艦の艦長に転出させられたのである。

続いて編成されたのが神武隊である。伊三六潜、伊五八潜で編成され、回天は各々四基を搭載して硫黄島をめざしたのである。伊三六潜は乙型、伊五八潜は乙型改二である。まずは三月一日、伊五八潜は回天光基地を出発、硫黄島に向かった。伊五八潜の判断では硫黄島の南方や東方は警戒が厳重で作戦は困難と判断し、北西に位置して回天の発進を準備した。ところが第六艦隊より回天作戦の中止が命ぜられたのである。理由は「丹作戦」と呼ばれる陸上爆撃機「銀河」による特別攻撃の支援として電波誘導の役割を命ぜられたのである。結局伊五八潜は回天を発進することなく帰還している。

戦後に伊五八潜の艦長は回顧録で「あの駆逐艦の配備状況だと発進できてもあとはどうったか、無事帰れなかったかも知れないが、発進してみたかった」と記した。神武隊のもう一隻は伊三六潜である。伊三六潜は三月二日に大津島基地を出撃したが、六日になり突如、第六艦隊から作戦中止、帰投命令を受けた。伊三六潜は反転帰投を実施し、九日に大津島基地にもどった。結局のところ硫黄島における回天作戦は、戦果どころか発進する機会を満足に得られず、逆に二隻の母潜が回天もろとも未帰還となったのである。

41 沖縄から終戦までの回天作戦

昭和二十年三月二十五日、ついに本土決戦の前哨戦ともいうべき沖縄戦の火蓋が切られた。以降終戦のまでの約五ヵ月間、回天作戦をより拡大せざるを得なくなり、多々良隊、天武隊、轟隊、多聞隊を編成し強大な米軍に立ち向かった（他に終戦当日に出撃し帰還した神州隊、伊一五九潜・回天二基がある）。

多々良隊は昭和二十年三月二十三日、沖縄周辺に迫る米艦隊を攻撃するため、潜水艦四隻、回天二〇基で編成された。三月二十九日、伊四七潜は回天六基を搭載し光基地を出撃したが、豊後水道を出たところで米機動部隊の駆逐艦のレーダーに探知され、続いてソナーに探知され攻撃を受けた。潜望鏡の漏水、燃料タンクの損傷、搭載回天の三基までが損傷したため、やむなく帰投している。

三月三十一日には同じく沖縄に伊五六潜が回天六基を搭載して出撃したが、その後連絡なく消息不明となった。同じく三十一日に伊五八潜が出撃しているが、敵警戒厳重を極めていて攻撃を断念、帰投している。最後に四月三日、伊四四潜が回天四基を搭載して出撃しているが、沖縄とマリアナを結ぶラインに進出すよう命ぜられたが、やはりその後消息がなく未帰還になっている。したがって多々良隊の発進された記録がない。

天武隊は警戒が厳重な敵泊地の突入では戦果が挙がらないばかりか、母潜の帰還もままならないことから航行中の輸送船団を攻撃する方法に転換された。四月二十日、伊四七は回天六基を搭載して沖縄、マリアナ間に進出。五月二日三基発進、七日に三基発進したが、二基が故障で発進を断念している。同じく伊三六潜が回天六基を搭載して四月二十二日出撃、二十七日に四基が発進し、二基が故障で発進を断念している。

天武隊に引き続き、回天作戦を実施すべく振武隊が編成された。しかし出撃直前、伊三六六潜が触雷で損傷、伊三六七潜のみが出撃となった。その伊三六七は五月五日に回天五基を搭載して出撃した。沖縄とサイパンを結ぶ海域に進出を果たしたが、二基が電動縦舵の故障で発進不可能となり、残りの三基も冷走となり発進ができなかった。

続いて沖縄に侵攻する米軍の補給ルートを遮断する目的で轟隊が編成された。母潜水艦四隻で編成され、伊三六一潜・回天五基、伊三六三潜・回天五基、伊三六潜・回天六基、伊一六五潜・回天二基の兵力だった。五月二十四日、伊三六一潜は光基地から出撃したが、その後消息を絶った。伊三六三潜は五月二十八日に光基地から出撃した。沖縄南東五〇〇浬をめざしたが敵警戒厳重のためと回天の故障により攻撃を断念、作戦を中止して基地に帰還している。

伊三六潜は六月四日に出撃、マリアナ諸島東方の海域に向かった。六月二日にタンカーを発見。回天攻撃を実施するが、二基が相次いで機関の発動不能となり攻撃を断念。確認したところ、搭載回天全部が故障していることがわかり、修理・復旧に努めた。その結果、残る四基のうち三基は修理が完了したが、一基のみ故障が復旧しなかった。

その後、伊三六潜は硫黄島付近に向かい、六月二十八日大型輸送船を発見したため。一基を発進させた。しかし敵駆逐艦の攻撃にさらされることとなり、伊三六潜は追い詰められた。その際、回天搭乗員が敵駆逐艦の攻撃を止めさせるべく、回天の発進を艦長に強く意見具申を行なった。

艦長は当初、言下に発進を許可しなかった、しかし敵駆逐艦の攻撃は熾烈を極め、ついに回天搭乗員から二度目の発進許可を求めてきた。これに対し艦長は「回天と潜水艦が運命を共にしたら、搭乗員としての今までの努力が無駄になる」と判断。断腸の思いで二基の回天発進許可を与えた。発進した回天から十数分後に大きな爆発音を聞いたが、戦後に戦果は確認されていない。しかし二基の回天の攻撃により、あれだけ執拗かつ猛烈な駆逐艦からの攻撃は終わり、伊三六潜は無事帰投した。

続いて伊一六五潜が六月十五日にマリアナ諸島東方海域に向かった。伊一六五潜は海大五型で唯一回天戦に参加した海大型となった。それ故に回天を二基しか搭載できなかったが、出撃後まもなく消息を絶った。記録では六月二十七日、サイパン東方において米軍の哨戒機の爆撃を受けて沈没とされている。

42 沖縄・甲標的の戦い

昭和十九年八月下旬、新たに編成された甲標的丙型八艇（鶴田伝隊長）が沖縄に進出することとなった。丙型といえども甲標的では、自力で沖縄に進出することはできない。このため曳航船一隻に一艇ずつ引っ張ってもらい沖縄へ向かう。曳航船から一〇〇メートルのワイヤーで曳航する。あらかじめ一〇メートルから一五メートルほど潜航するように甲標的の横舵を設定しておき、航行中は水中で、停止すると浮いてくるように工夫した。そして甲標的を無人にして船団は組まず、一組単位で沖縄に向かったのである。当然護衛は付かないので敵機に見つかればひとたまりもない。それでも八艇の甲標的は呉から佐世保を経て、沖縄の那覇港に三日間かけて無事到着することができた。

その後、沖縄根拠地隊から、運天港へ向かい、そこに基地を設営するよう命令を受けた。甲標的は、那覇に着きしだい、訓練を兼ねて各個に自力航走で運天に向かった。すぐさま陸軍の通称宇土部隊（独立混成第四十四旅団第二歩兵隊基幹の国頭支隊。指揮官宇土武彦大佐）に協力してもらい基地設営にとりかかった。さらに地元から動員された勤労報国隊も加わり、基地設営は進んだ。甲標的の横付け桟橋、引揚船台、発電機室、防空壕、宿舎などの建設工事が着々と進められたのである。

しかし基地がほどなく完成するという段階で信じられない悲劇が襲う。十月十日、米空母艦載機延べ一四〇〇機が沖縄全島に対し大空襲を行なったのである。いわゆる「十・十空襲」である。この徹底的な空襲によって、沖縄の陸海軍は深刻な被害を受けるのだが、運天の甲標的基地も例外ではなかった。

来襲したのは四波、延べ二〇〇機であった。この空襲で基地施設はもとより、進出した八艇の甲標的のうち四艇が失われた。不幸中の幸いは甲標的隊員に戦死者が出なかったことである。しかし鶴田隊長の甲標的が、隊長や搭乗員の目の前で沈没した。それからというもの甲標的は昼沈座させ、夜の間に浮上させて整備や充電を行なった。

その後、最新型五人乗りの甲標的丁型「蛟龍」が運天基地に到着した。「蛟龍」二〇八号酒井艇、二〇九号大河内艇、二一〇号唐司艇である。これにより鶴田隊は丙型三艇、「蛟龍」三艇の計六艇で出撃に備えたのである。そして三月二十三日、ついに米艦隊が沖縄にその姿を現わす。

三月二十五日、前日から始まった沖縄本島への艦砲射撃をうけて、まずは第一小隊三艇が出撃をすることになった。甲標的が外洋に出るには湾口の浅い珊瑚礁の水路を通り抜けなければならない。そのため出撃は夜間と決定した。最初に出発するのは大河内信義大尉が艇長の「蛟龍」二〇九号である。続いて一時間の間隔で、「蛟龍」二一〇号唐司艇、丙型六七号河本艇が発進して行った。

この出撃の前、鶴田隊長は河本艇長に「俺に出させてくれ」と頼んだ。河本艇長は隊長の頼みでもガンとして聞かなかったそうである。勇躍出撃した三艇のうち大河内艇と唐司艇はついに帰らず、河本艇が魚雷二本を発射。命中爆発して水柱が高く上がるのを確認して帰還を果たした。しかし米軍に損害を受けた記録はない。翌二十六日、第二小隊が出撃準備を整えたが、またしても夕刻に空襲があり出撃寸前に充電中の酒井艇が沈没。結局出撃したのは、丙型六〇号の川島艇、同六四号佐藤艇の二隻。彼らは朝まで敵艦船を襲撃したが、逆に猛反撃を受けて損傷しながら帰還した。

三月三十日、河本艇が再び出撃したが、途中で故障。翌三十一日に基地にもどってきた。この時点で残存する甲標的は、六四号佐藤艇と六七号河本艇の二艇である。四月五日、二艇は再び出撃。佐藤艇の報告では巡洋艦に魚雷命中大破。これは陸軍の観測部隊も確認したが、やはり米軍に損害記録はない。

万難を排し、苦心惨憺の末に沖縄に進出した甲標的隊であったが、この四月五日の佐藤艇、河本艇の出撃を最後に陸戦に転じることになる。四月一日に上陸した米軍が、すでに迫っていたからだ。真珠湾攻撃以来続いてきた甲標的作戦はこの出撃で終わりを遂げたのである。

43 「インディアナポリス」撃沈

伊五八潜は、昭和二十年七月十八日、回天特別攻撃隊「多門隊」の一艦として、回天六基を搭載して山口県の平生基地を出港した。

この段階の回天攻撃は、警戒厳重な敵泊地への「港湾停泊艦攻撃」を断念し、「航行艦襲撃」に切り替えていた。航行艦襲撃とは洋上航行中の艦船に対し、潜水艦の潜望鏡による観測で、目標艦の方位、速力、針路を判断する。その上で回天の突撃針路や潜航秒数が決められ回天は潜水艦から発進、二〇ノットの速度で接近し最後は三ノットに減速、潜望鏡（回天では特眼鏡といった）で最終確認を実施して突入する。しかし目標は航行中のため、速度や方位が刻々変化する。回天に気がつけば進路を大きく変更する。攻撃の難度は港湾停泊艦攻撃よりむしろ高くなったといえる。

艦長は橋本以行艦長で、これまで多くの潜水艦の艦長を務め、回天作戦も「金剛隊」「神武隊」「多々良隊」を指揮した経験を持つベテランの艦長である。「多門隊」は沖縄、パラオの線とグアム、レイテの線が交差する地点で回天戦を実施するべく行動を開始し、七月二十八日にはパラオ北方でタンカー一隻、駆逐艦一隻に対して回天二基を発進し、二隻撃沈を報じていた。

翌二十九日は、次の目標をとらえるべく移動したが、雲が多く夕闇迫るころには視界が悪くなってきたため、一旦潜航し月明が出る午後十時過ぎまで海中で待機となった。

午後十時半を過ぎたころであろうか、調音には異常は見られないが、あてにならないとみた橋本艦長は浮上を試みた。浮上後、艦橋に駆け上がったそのときである。突如、航海長から「艦影らしきもの左九〇度」と報告が入った。艦長みずから艦橋で確認してみると、月光にきらめく夜の水平線に黒一点の艦影を見ることができる。ただちに伊五八潜は潜航し「魚雷戦用意」「回天戦用意」が下令された。

航行艦襲撃の場合、敵を発見した際に魚雷で襲撃するか、回天を発進させるかは艦長の判断であり、選択肢が与えられている。必ず回天を発進しなくてはいけないということはない。敵影に接近を続け、最適な攻撃方法を選択するのである。黒一点の目標は大型艦と判明。魚雷は発射管数六を準備し回天には六号艇を用意、五号艇を予備として乗艇待機を命じた。

橋本艦長の判断では、潜望鏡からの観測において月明が回天戦には不足と判断、回天搭乗員からは再三の発進要請をそのままとして、魚雷六本の発射を行なった。決して回天投入がもったいないと思ったわけではない。現場において冷静かつ適切な判断をしたのである。

発射された六本の魚雷のうち三本が「インディアナポリス」の右舷に命中、わずか一二分で転覆、沈没した。乗員約一二〇〇名のうち沈没時に約三〇〇名が戦死し、約九〇〇名が海に投げだされた。しかし、この九〇〇名の運命は過酷だった。なぜなら「インディアナポリス」は、広島・長崎に投下予定の原子爆弾の部品のうち、飛行機で輸送が困難な大型の部材や原子材料をテニアンに輸送した帰りだったこともあり、また日本軍からの攻撃を受ける危険性も少ないと思われ、単艦行動をしていた。

よって同艦が消息不明となっていることに気がつくものはおらず、五日間も救助が来ることがなく約六〇〇名の乗員が命を落とした。

米海軍三大悲劇（他に護衛空母「リスカムベイ」と軽巡「ジュノー」がある）のひとつとされ、また米海軍において第二次世界大戦で最後に沈んだ戦闘艦でもあった。後に「インディアナポリス」の艦長は、之字運動（ジグザグ運動のこと）など潜水艦の魚雷攻撃を回避すべく行動をしていなかったと軍法会議にかけられ有罪となり、後に自決した。

この裁判でわざわざ米国まで呼び出された橋本艦長の証言は「たとえ之字運動をしていたとしても命中することはできた」と答えたが判決は変わらなかった。しかし後に、わずか一一歳の少年の夏休みの宿題から端を発した研究により、当時の軍法会議は誤審とされ、「インディアナポリス」艦長の無罪が証明されている。

44　潜水空母、ウルシー攻撃

昭和二十年五月末、第一潜水隊四隻の潜水艦の陣容が揃った。すなわち伊四〇〇潜、伊四〇一潜、これに「晴嵐」二機が搭載可能な甲型改二の伊一三潜、伊一四潜である。シュノーケルの装着も四艦全部に終了し、あらたな潜水隊としての総合訓練に入った。

しかしもはや、瀬戸内海といえども安全な海域ではなかった。虎の子の第一潜水隊を出撃前に失うことはできない。よって瀬戸内海の危険海域を避け、日本海の能登半島にある七尾湾に訓練海域を移動した。すでに二月には七尾の穴水町に潜水学校の分校設置が決まり、六月一日から練習潜水艦も呉から回航して教育を開始している。

七尾湾は能登半島の懐深い部分にありながら北湾は水深平均二〇メートル、最大四〇メートルと深く、潜航訓練が可能であったため、訓練・教育の場としては適切だった。第一潜水隊の各艦は燃料不足を解消するため、鎮海に燃料を受領に行くなど苦心の末、六月五日に全艦無事七尾湾に集結を完了した。

しかしその直後の六月九日には練習潜水艦伊一二二号が七尾湾へ浮上航行中に米潜水艦に撃沈されており、確実に安全な訓練海域とはいえなくなっていた。あわせて「晴嵐」飛行隊、六三一空も穴水に進出、最後に竣工した伊一四潜が「晴嵐」との合同訓練が実施されていなかったので、早くも発艦訓練が行なわれた。

第一潜水隊の各艦は、パナマ運河への爆撃を想定して訓練を開始した。具体的にはいかに隠密に潜水艦が浮上し、航空機を組み立て迅速に発艦ができるかという訓練と、「晴嵐」には穴水海面に閘門の模型を浮かべ緩降下爆撃の訓練を繰り返した。標的は木製で実物大の大きさだったという。

訓練は激しさをましたが、悪天候や敵潜水艦の跳躍、あるいは航空機からの投下機雷に悩まされる中での訓練だった。軍令部ではパナマ運河爆撃に関しての命令、大海指という作戦命令書が発行するための準備が進むなか、定例会が実施された。出席者は海軍大臣、軍令部総長、軍令部次長、作戦部長らであったが、席上、大西瀧治郎軍令部次長はパナマ運河攻撃の中止を発言した。他に異論を唱える者もおらず、そのまま作戦は中止となった。

理由は、すでにパナマ運河破壊したところで大西洋の戦いから太平洋に主要艦船の移動は終わっていると判断、爆撃の効果が少ないと判断したものと思われる。作戦中止はただちに第一潜水隊に下達された。再度攻撃目標の検討がなされたが、第六艦隊司令部を中心に検討が進み、当初の目的であった米本土主要都市の爆撃が検討された。具体的にはサンフランシスコないしロサンゼルスで、軍令部に意見具申がなされた。

しかし、現在の戦局に直接有効な攻撃目標を選択することが先決とされ、同案は保留とされた。軍令部が立案した新たな攻撃目標は、やはり日本近海まで進出し、本土空襲や艦船の航海に多大な脅威をもたらしている米機動部隊への漸減が先決とされた。そのために敵機動部隊の前進基地であるウルシーに攻撃隊を発進させ、一隻でも敵空母群に損傷を与えるべく新たな作戦立案に入った。第一潜水隊が目標をウルシー攻撃に変更した時期は正確にはわかっていない。記録がなく記憶が曖昧なのであるが、おおむね六月中旬には内定したと思われる。

ウルシー環礁は、北太平洋の南西に位置するカロリン諸島に属するサンゴ礁の島々のひとつである。環礁の地形を利用して以前は日本海軍の前進基地として活用された時期もあったが、暗礁も多く大艦隊の集結には不適切といわれていた、それを米海軍が大規模なサンゴ礁破壊を実施して大型の艦船も碇泊できるようにしたため、当時の米艦隊の一大拠点となっていた。

かねてよりトラック島から高速偵察機「彩雲」での決死偵察の結果、航空母艦を含む五〇隻をも超える大艦隊がつねに集結していたことがわかり、回天特別攻撃隊がウルシー環礁に対して攻撃を開始していた。これらの状況下、海軍総隊司令長官（連合艦隊、方面艦隊、鎮守府、海上護衛総司令部を統轄して作戦指揮にあたる新組織）から第六艦隊に「光」作戦、「嵐」作戦を先遣部隊指揮官に発令した。

「光」作戦は伊一三潜、伊一四潜にて偵察機「彩雲」四機を、七月下旬を目途にトラックに向け輸送し、同島からウルシー環礁に偵察を実施する。後に伊一三潜、伊一四潜は次期作戦のためシンガポールまたは内地に回航するものとする。

「嵐」作戦は、伊四〇〇潜、伊四〇一潜と「晴嵐」六機をもって七月下旬から八月上旬の月明期、ウルシー環礁に向けて攻撃を実施する。「晴嵐」発進後は、シンガポールに回航し、次期作戦の準備を実施するという作戦である。

作戦の妙は、回天や台湾からの攻撃に対して、ウルシー環礁は度々その被害にあっていたのであるが、主に北からの進出に備えていた。伊四〇〇型であれば航続距離に余裕があるため、南より攻撃を加えて相手の虚を突くというものであった。よって伊四〇〇潜、伊四〇一潜はウルシーの南方海域に回り込む航路を進むこととなった。

さらに同作戦においては、第一潜水隊の四隻は任務終了の後、シンガポールに回航するように命ぜられていたが、その前に香港に寄港し、新たな「晴嵐」と基地員を収容して、シンガポールに回航した後に、次期作戦の下命を待つというものであった。

これはすなわち、伊四〇〇潜、伊四〇一潜から発進した「晴嵐」六機は、決死の特別攻撃ではなく帰還・生還を考えない必死必殺の特別攻撃を意味していたのである。

昭和二十年六月二十日、ついに「光」作戦から発動となった。七尾湾で「晴嵐」と搭乗員を降ろした伊一三潜と伊一四潜は同湾を出港、二十二日、舞鶴に入港した。伊一三の艦長は大橋勝夫中佐、これまでに伊五六潜、伊一八一潜、伊五四潜の潜水艦を務めている、伊一四潜の艦長は清水鶴造中佐、伊一五三潜、伊一六五潜の艦長を務めており、両艦長とも実戦経験も豊富なベテラン艦長だった。七月二日、諸準備をすませ舞鶴を出港、四日に大湊に入港した。

大湊では偵察機「彩雲」を分解箱詰めして、伊一三潜、伊一四潜の格納庫に搭載する計画である。偵察機「彩雲」は高速かつ大航続力が特長の艦上偵察機で、最高速度は時速六三九キロに達したとされ、終戦まで「彩雲」をしのぐ敵戦闘機は現われなかったといわれている。南方派遣の際「我に追いつくグラマンなし」の電文は有名である。

出撃前にちょっとしたアクシデントがあった。伊一四潜が軸受け加熱事故のため修理が必要となり出撃が遅れることになった。そのため一足早く、伊一三が七月十一日に大湊を出港。伊一四潜は修理を終えて七月十七日に出港した。この一週間の遅れが両艦の明暗を分けることとなった。おりしも米大機動部隊が七月十四日、十五日に日本本土に接近して艦載機が多数、東北、北海道を襲った。伊一三潜はこの機動部隊の真っただ中に出撃していく形となり、消息不明となったのである。

米側の資料によれば七月十六日、米護衛空母の搭載機に探知され水上艦艇により撃沈されたのである。しかし伊一四潜にとっても決して楽な航海ではなかった。機関が故障し、タンク注水の錯誤から急に潜航するなどアクシデントが起きた。大湊を出港してから昼は長時間潜航し、夜に浮上してトラックに向かった。三十日にはついに米駆逐艦の攻撃を受け、長時間潜航を余儀なくされた。探知を受けて制圧されること四四時間、艦内湿度一〇〇パーセント、気温は五〇度近くまであがり、もはや生命の危険にさらされる極限まで追い詰められた。ようやく八月一日になって敵はあきらめ姿を消してくれたことで九死に一生を得た。

こうして苦心惨憺の末に八月四日にトラック入港を果たした。残念なことに伊一三潜の姿はそこにはなかった。早々に「彩雲」の陸揚げが実施された。トラックにはすでに二機の「彩雲」があり、伊一四潜の運んできた二機とあわせて四機の陣容となった。「彩雲」を受領した三木琢磨大尉は、なんとこれまでウルシー偵察六回、ブラウン偵察一回、マリアナ偵察一回を成功させている強運と最高の技量を持ち合わせた搭乗員であった。

一方、「嵐」作戦の伊四〇〇潜、伊四〇一潜は七月十三日に七尾湾を出港。同日夕刻に舞鶴に入り、燃料、弾薬、糧食三ヵ月分を搭載して最後の準備に入った。伊四〇〇潜の艦長は日下敏夫中佐。これまで呂六三潜、伊七四潜、伊一八〇潜、伊二六潜の艦長を歴任してきた。伊四〇一潜の潜水艦長は、南部伸清少佐で、これまで呂六三潜、伊一七四潜、伊三六二潜の艦長、伊三五一潜の艤装員長を務めて着任した、これまた生え抜きの潜水艦乗りである。

七月十九日、舞鶴の旅館において壮行会が開かれた。第六艦隊司令長官醍醐忠重中将、井浦祥二郎先任参謀、坂本文一通信参謀なども出席し、攻撃の成功を誓いあった。長官から飛行機搭乗員に授与される短刀は、有泉司令が代行して受け取り潜水艦に帰ってから各自に渡された。

短刀を渡すということは必死必殺の特攻を意味する。確かに「嵐」作戦は神龍特別攻撃隊と称した。これは有泉司令が自分の名前が龍之介なので龍の一字を使って呼称したもので、司令の強い希望だった。ただし特別攻撃隊は特攻を意味するのではなく「決死」ではあっても必ずしも「必死」ではなかった。しかし伊四〇一潜の飛行長浅村敦大尉も戦後に「出撃したら還ってくるつもりはありませんでした」と筆者に語った。

満を持して七月二十日に舞鶴を出港、大湊をめざした。翌二十一日に無事大湊に入港し、乗員たちは最後の上陸を楽しんだ。大湊は今でこそ海上自衛隊の北辺防衛の要であるが、戦争末期のこの時期出入港する艦船はほとんどなくひっそりしており、隠密性を重視する作戦の出撃には適した軍港だった。

ここでは最後の生鮮食料品の積み込みのほかに、奇妙な作業が行なわれていた。それは「晴嵐」の日の丸のマークを星印に書き換え、機体もこれまでの濃緑色ではなく銀色に塗り替えた。これは国際法違反にあたるが、ウルシー攻撃の際、米軍から味方機と勘違いをして一瞬でも遅れを取ることを期待した、やり直しのきかない攻撃を何とか成功させたいとする末期的な方法であった。

昭和二十年七月二十三日（諸説あり）、伊四〇〇潜は午後二時、伊四〇一潜は二時間後の午後四時にそれぞれ大湊を出港した。両艦は芦崎岬を過ぎて大きく右にかわり、水上航走で津軽海峡に向かった。この芦崎岬には長く美しい松並木があり、乗員は美しい日本の風景をこれが見納めと眼に焼き付ける思いだったという。

津軽海峡を出ると、伊四〇〇潜は針路を東に取り、本土に対する米機の哨戒圏を離れ、トラック島東方海面をめざした。しかし地図上でいえば、マーシャル諸島からサイパン・グアム、沖縄を結ぶ米軍のシーレーンを横切るので、厳重な警戒が必要なコースとなった。それだけではない伊四〇〇潜にはいくつかの試練が待っていた。

当初の警戒航行は順調であった。しかしやがて右舷主機械の故障に悩まされることになる。

これは呉出港直前に発生したフルカンギヤ送油ポンプモーター軸折損と同じ故障であった。出港直前の繁忙により、故障原因の探求を徹底して行なえなかったことが悔やまれたが後の祭である。ただ幸いにして復旧作業は、そのときの経験からさして困難ではなかった。機関長はモーター軸の材料に欠陥があったものと推測している。その後、台風と遭遇することになる。猛烈な波浪の打撃により上甲板下に格納してあった内火艇が木っ端微塵となった。それ以上の被害はなかったが、あらためて波の破壊力を知った。

最大の危機は艦内火災である。火災は浸水とならんで潜水艦にとっては小なりといえども命とりである。原因は漏電であった。機関科員の回想によれば、すでに出撃前から漏電を感じていた。しかし調査をしているうちに兆候がなくなりいつしか忘れられていたという。航程がウルシーまで約半分となったときであろうか。水上航走時中に水平線上に黒い一点を発見した。これが味方なのか敵なのかと見極める余裕はない。できるだけ早く潜航するにこしたことはない。急速潜航に移ったとたんに、左舷主電動機室の後部動力配電盤から火災が発生した。

「左モーター火災」発令所伝令の絶叫と同時に電灯が消えた。真の闇となる中での初期消火は困難である。艦は横舵がきかず大俯角のままどんどん深さを増していく。潜舵を上げ舵一杯にとったが効果がなく、一〇〇メートルの安全潜航深度を超えても止まらない。火災・停電・沈下の中、メインタンクのブローにより艦はコントロールを取りもどした。沈下圧潰は避けられても潜航中の消火作業は困難であり、艦は露頂深度で潜望鏡を使い、浮上をこころみたが、先の黒点がますますこちらに向かってくる。とても浮上は危険なため密閉消火に努めた。しかし潜航中だと有毒ガスを排除する手段はない。懸命の消火・清掃作業によりようやく沈火を見たが、左舷機械室補機への給電は不可能となり、このままでは左舷主機は使用不能となる。右舷の補機配電盤から応急電纜を複数本引き当座の処置とした。しかしこれでは左右機械室間の防水扉を閉めることはできず、これから戦闘を行なう潜水艦としては致命的なダメージを受けた。

火災の原因は動力配電盤内の母線接続ボルトの一部緩みでアース回路が断続的に形成されたものと推定した。本来であれば基地への帰投やむなしの状況であるが、今回の出撃は後がない。艦長はもとより誰も母港帰還を意見具申する者はいなかった。

その後、トラック島に無事到着した伊一四潜より「伊一三潜到着シアラズ」との連絡を受けた。伊一四潜より早く出港した伊一三潜の未着は、作戦遂行において大きな不安を抱かざるを得なかった。

一方、伊四〇一潜は大湊を出港してまもなく、暗夜に突然に水柱が上がった、明らかに味方撃ちだったが幸いにして損傷なく南下を続けた。伊四〇一潜もサイパン、グアム、トラックの東側を一直線に南下する予定であったが、南下中続々と敵艦や敵機を見張員やレーダーが捕捉することが続いた。この状況では敵に発見されると判断した有泉司令は、マーシャルの東をまわる迂回ルートを命じた。ただこれではルートが伸びるため、ポナペ島南方で伊四〇〇潜と約束のランデブーには間に合わない。南部艦長は、迂回ルートに異論を唱えたが司令に聞き入られることはなかった。

八月十四日の日没三〇分前、伊四〇一潜はポナペ島南方一〇〇マイル地点に浮上した。当然ながら伊四〇〇潜は影も形もない。それもそのはずである。伊四〇一潜は会合点をポナペ島の南一〇〇浬に変更したが、伊四〇〇潜にはその通信が届いていなかった。伊四〇〇潜は当初決められた会合点で待機しており、両艦の距離は一〇〇〇浬も離れていた。

潜水艦が一旦洋上に出れば、通信のやりとりは困難である。ましてや伊四〇〇潜は台風や火災事故で混乱を極めていた。なぜ受信できなかったかはわからない。通信能力が極端に乏しい潜水艦どうしの会合変更は、どだい無理な話であった。しかし両艦は相手の姿を求めて、危険を顧みず十五日に再浮上し、電波の受信に努めていた。

そうした最中、信じられない通信が入電された。天皇陛下の終戦詔勅電である。難解な漢文調であったためそれでなくても受信が困難ななかで、潜水艦の受信状態では不明の部分があったが、明らかに日本の降伏を伝えるものであった。そして翌十六日に海軍総隊司令長官から「即時戦闘行動を停止すべし」と命じてきた。さらに先遣部隊指揮官からも「第一潜水隊各艦は作戦行動を取りやめ、呉に帰投せよ」と指示された。両艦において終戦処置においての初動は異なったものではあったが、結局はともに冷静なる行動をとり、ここにウルシー攻撃は断念されたのである。

伊四〇〇潜は八月三十一日、伊四〇一潜は八月三十日、伊一四潜は八月二十九日にそれぞれ相模湾に入っていた。三隻の巨大潜水艦が相前後して横づけする姿は米軍を圧倒し、軍艦旗を降ろした三隻の潜水艦に米海軍が乗り込んできた。彼らはとくに飛行機格納筒の防水扉に大きな関心を示し、米軍の見学者は後を絶たなかった。それと同時に艦内にあった経線儀、双眼鏡、秒時計、軍服、襟章など争うように持ち去った。日本刀や軍刀もすべて提出を求められ、当然のごとく持ち去られた。敗戦の屈辱だった。

昭和二十年九月二日、三隻は横須賀長浦港に回航することとなった。現在の自衛艦隊司令部や潜水艦隊司令部が隣接する港に錨を降ろした。戦艦「長門」が往時の威容なく赤茶けて見えていたという。

部隊解散の沙汰もなく、今後のことは乗員にはまったく知らされていなかった。乗員への監視が厳しくなり、艦内の掃除が課せられたという。接収される以上、最高に美しい姿で引き渡そうと、艦内の隅々まで清掃された。乗員たちは陸上に上げられ、兵舎で寝泊まりすることになった。そして兵舎の四方には機銃、探照燈が備え付けられ、監視の兵隊が立哨していた。艦内の整備は大片終了し、米兵が艦内生活を始めた。それを機に日米の乗員が入れ替わり、引き続き艦橋、上甲板に上構内の錆打ち、塗装など昼夜兼行で行なわれた。その間にも艦までの送迎や各作業現場での監視付きは変わらない。こうした作業がひととおり終了した九月末、突然米軍から解散を命ぜられた。

乗員一同、現在は久里浜公園になっている海軍工作学校跡へ移動し、復員手続きをすませた。そして互いの健闘を誓いあい、別れを告げたのは昭和二十年十月一日だった。

45 本土決戦の潜水艦作戦

沖縄戦終結を受け、本土決戦は時間の問題となってきた。制空、制海権はもはや完全に敵の手中にあり、米海軍の投下した大量の機雷が日本沿海を埋め尽くしていた。そんななか、すでに第一線で行動できる攻撃型の残存潜水艦はわずか数隻となり、潜水部隊に残された反撃の方法は水中特攻兵器に頼らざるを得ない状況に追い込まれていた。

米軍が九州東南岸に上陸することを予測した日本軍は、敵上陸部隊への最後の迎撃戦として、ありとあらゆる決戦用兵器を準備した。それは本土決戦用の特攻兵器で人間魚雷「回天」、ロケット爆弾「桜花」、特攻艇「震洋」、爆装小型潜水艇「海龍」人間機雷「伏龍」そして甲標的「蛟龍」であった。

しかし各兵器の準備に必要な資材は絶望的に枯渇していた。また日本沿岸部は一五〇〇もの機雷で封鎖され、南方の資源を活用するための補給ルートは完全に遮断されていた。さらに満州からの資源路も断たれ、追い打ちをかけるように日本本土は連日空襲にさらされた。よって本土決戦兵力の中心となるべく航空機の生産はもとより、その他の兵器や弾薬の生産も昭和二十年五月から急速に減衰し、それまでの生産量に対して三〇パーセントから四〇パーセントにとどまる状況に追い込まれていた。

決戦はおろか当時の日本は国家崩壊の危機に直面していたといえるが、甲標的の部隊について、計画された兵力は横須賀鎮守府で「海龍」一八〇艇、大阪警備府で「海龍」二四艇、呉鎮守府で「蛟龍」四八艇、「海龍」一二四艇、佐世保鎮守府で「蛟龍」四艇、「海龍」一二四艇、その他舞鶴、鎮海、大湊で「蛟龍」が三艇、そして第一〇特攻戦隊で「蛟龍」一八艇、合計すると「蛟龍」七三艇、「海竜」一二五二艇の計画であった。その中において第一〇特攻戦隊が最も戦力的には充実しており、大浦突撃隊（司令池沢政幸大佐）、小豆島突撃隊（司令大谷清教大佐）の活躍が期待された。

そして八月十三日、敵機動部隊が東北三陸を空襲するために本土に接近しつつありとの情報を受け、小豆島突撃隊は全艇出撃の時を迎えた。落山義幹艇長の六〇七号艇以下、一〇隻の「蛟龍」は三隻ずつ一隊となり橘湾の前進基地をめざして出撃していった。橘湾とは徳島県の東端に位置し、紀伊水道に湾口を向けた良港で「蛟龍」以外にも「震洋」も多数集結していた。

七月四日、五日に福岡の第六航空群司令部で航空総軍、連合艦隊共催による決号作戦の図上演習が行なわれた。想定としては十月X日に米軍一六個師団が南九州に来攻するというもので、航空特攻により敵輸送船五〇〇隻、水上水中特攻により敵艦艇一二〇隻を撃沈し得ると予想された。これは敵の兵力の約三〇パーセントに値すると考えられていた。

しかし、いざ日本本土上陸となれば、これまでの島嶼攻略の際と同じように、航空基地や沿岸部などに対して徹底的に爆撃が実施されることは避けられない。よって甲標的などは水中に退避して空襲や艦砲射撃を耐えられたとしても、反復攻撃に必要な魚雷や燃料の補給や補充、整備が困難となる可能性が高い。ましてや陸上に基地を持つ兵器については、そのまま陸上で撃破される懸念がある。撃ち漏らした多数の敵は確実に上陸してくることは避けられないのである。

しかし、本土決戦に向けてできるだけの準備を進めなくてはならない。終戦まで結局「蛟龍」が一一五隻、「海龍」が二三〇隻、建造中のものは「蛟龍」が約五〇〇隻、「海龍」が約二〇〇隻である。

潜水艦については、回天作戦で生き残った潜水艦で第一線の戦闘に堪えうる艦は極めて少なかった。

第一潜水隊としてウルシーに向かった伊四〇〇潜、伊四〇一潜にそれを支援した伊一四潜、内地で出撃を待っていた伊四〇二潜。第十五潜水隊では文字どおり武運長久艦であった伊三六潜、伊四七潜、伊五三潜、伊五八潜。輸送用潜水艦で回天戦に転用された伊三六三潜、伊三六六潜、伊三六七潜。そして唯一中型で残存した呂五〇潜に輸送用で最後まで奮戦した伊三六九潜が目立つ戦力で、あとは老朽化が進んでいた練習潜水艦や小型の潜水艦だけだったのである。以上のことからも終戦時は事実上、潜水部隊は壊滅状態に追い詰められたといってても過言ではなかった。

46　海没処分された潜水艦

　ウルシー環礁の米艦隊泊地に攻撃に向かった伊四〇〇潜、伊四〇一潜は「晴嵐」発艦前に停戦の命令を受けて攻撃を中止したことを事実上の最後にして、日本海軍の潜水艦作戦は終わりを遂げた。八月十五日終戦時に残存していた潜水艦は新旧あわせて五八隻にのぼったが、先のウルシー攻撃作戦に従事していた伊四〇〇潜、伊四〇一潜、伊一四潜以外はすべて内地にあり、海外の基地にあった国産潜水艦は一隻もなかった。これ以外にはドイツから捕獲した潜水艦が四隻、シンガポールとスラバヤで処分されている。

　竣工前で解体された潜水艦は大型艦では潜特型の四番艦、伊四〇四潜が六月に工程九五パーセントで建造中止され、七月に大破自沈処分されたが戦後に浮揚され解体処分。甲型改二の三番艦、伊一五（二代目）は工程九〇パーセント、四番艦の伊一潜（二代目）は工程七〇パーセントで解体されている。その他水中高速艦、潜高型伊二〇四潜、伊二〇五潜、伊二〇六潜、伊二〇七潜、伊二〇八潜も未完成のまま後に解体された。

　大型の補給潜水艦である丁型改の伊三七四潜が工程四〇パーセントで、潜補型の伊三五一潜が工程九〇パーセントで解体されている。その他、波号潜水艦では潜輸小型が二隻未成、解体。潜高小型では三二隻が未成、解体されている。

一方、残存した潜水艦の末路はどうなったであろうか。結論から書けば五八隻はほとんど海没処分とされ、戦後他国に戦利潜水艦として活用され残存する潜水艦は皆無となった。ここに日本海軍潜水艦の四〇年の歴史は、物理的には皆無となったのである。その中でとくに米軍の注目を得たのは水中空母と称された潜特型、それに準じる乙型改二、水中高速艦の潜高型である。

当時、世界最大の潜水艦である伊四〇〇潜と伊四〇一潜、伊一四潜は米軍に接収され、調査・研究の後に翌年五月、ハワイ沖で海没処分されている。潜高型の伊二〇一潜、伊二〇三潜もハワイで調査・研究対象となり海没処分を受けている。輸送潜水艦である丁型の伊三六九潜も米軍に接収され、調査・研究の末に海没処分されているが詳細は不明である。

最後まで回天戦など第一線で活躍していた伊三六潜、伊四七潜、伊五三潜、伊五八潜、伊三六六潜、伊三六七潜、呂五〇潜をはじめ、旧式となり練習潜水艦などで第一線を退いていた伊一五六潜、伊一五七潜、伊一五八潜、伊一五九潜、伊一六二潜、実戦配備前の潜特型伊四〇二潜、小型の波一〇三潜、波一〇五潜、波一〇六潜、波一〇七潜、波一〇八潜、波一〇九潜、波一一一潜、波二〇一潜、波二〇二潜、波二〇三潜、波二〇八潜、二四隻は昭和二十一年四月にすべて長崎五島沖に海没処分された。

最近になり民間の放送局の取材チームや有志による海洋調査チームが二四隻全隻の沈別地点を特定し、丁型、海大型以外の伊号潜水艦の個艦特定を成し遂げている。

その他に残存した潜水艦は日本各地で海没処分をさせられている。佐世保港向後岬沖では、潜高型の伊二〇二潜や小型の波二〇七潜、波二一〇潜三隻が海没処分。瀬戸内海西部の伊予灘では伊一五三潜、伊一五四潜、伊一五五潜、呂五九潜、呂六二潜、呂六三潜、波二〇五潜、呂五七潜が海没処分され、静岡県の清水沖では呂五九潜、波一〇一潜、波一〇二潜、波一〇四潜が海没処分されている。

これ以外にも呉沖で呂五七潜、日本海の若狭湾でも伊一二一潜、呂六八潜、ドイツからの譲渡潜水艦呂五〇〇潜が海没処分。ドイツ降伏により接収潜水艦、伊五〇三潜、伊五〇四潜は紀伊水道で海没処分。唯一外地にあり降伏した、同じくドイツ敗戦による接収潜水艦伊五〇一潜、伊五〇二潜はシンガポールで、伊五〇五潜、伊五〇六潜はスラバヤで解体処分されている。

その他わずかであるが、例外的に竣工後の潜水艦で海没処分されずに解体された潜水艦に波二〇四潜、波二〇九潜、呂六七潜があり、そのうち呂六七潜は佐世保で桟橋利用の後解体されている。

最後の悲話として伊三六三潜の悲劇を書かなくてはならない。伊三六三潜は輸送用潜水艦として、メレヨン島や南鳥島輸送任務に従事し、その後回天作戦に投入。轟隊、多聞隊の回天作戦にも生還を果たして武運艦として終戦を迎えた。

終戦後は、ソ連参戦に備えて日本海に配備されていたので、呉に回航。艦長以下、各科の長各一名ずつ保管員として残留し、他は全員復員したのである。しかしその後米軍の命令により佐世保に回航することとなり、乗員の約半数である四一名が再度集合し、昭和二十一年十月二十七日、呉を出港した。そして二十九日、宮崎沖において機雷に接触し沈没してしまったのである。木原栄艦長以下三四名が亡くなった。

47　潜水艦の戦果まとめ

これまで解説してきたように日本海軍の潜水艦史は明治三十八年から昭和二十年までの四〇年となる。その間、わが国が保有した潜水艦は二四一隻である。内訳は一〇〇〇トン以上の一等潜水艦、伊号潜水艦が一一九隻、五〇〇トンから一〇〇〇トンまでの二等潜水艦、呂号潜水艦が八五隻、それ以外の五〇〇トン未満の主に波号潜水艦である三等潜水艦が三七隻となる。

そのうち八隻はドイツより譲渡あるいは接収した潜水艦であるので、日本海軍用として建造された潜水艦は二三三隻である。そのうち日本海軍の潜水艦は、第一次世界大はもとより日中戦争でもほとんど潜水艦を実戦に使用しなかったので、実戦は太平洋戦争での三年八ヵ月に集約される。太平洋戦争の開戦時、すなわち昭和十六年十二月の時点で保有していた潜水艦は新旧あわせて六四隻である。

戦時建造は昭和十七年に二〇隻、昭和十八年に三七隻、昭和十九年に三九隻、昭和二十年終戦まで三〇隻だった。その中で実戦では一五四隻の潜水艦が出撃して一二七隻が戦没した。潜水艦の悲劇性は、隻数の消耗率に留まらない。潜水艦の沈没はすなわちほとんどが全員戦死を意味している。一二七隻の喪失艦のうち艦長や司令以下、全員戦死の潜水艦はじつに一一四隻に登っている。原因別に見ていくと次のような結果となる。

◆水上艦艇の攻撃によるもの六七隻
・爆雷、ヘッジホッグによるもの五八隻
・砲撃によるもの二隻
・雷撃によるもの一隻
・その他六隻
さらに六七隻の最初の被探知は以下のとおりである。やはりレーダーの脅威が最も高い。
・レーダーに探知されたもの三六隻
・ソナーに探知されたもの一九隻
・航空機に発見されたもの四隻
・艦艇の視認によるもの二隻
・その他六隻
◆航空機の爆撃によるもの一〇隻
◆潜水艦の攻撃によるもの一七隻
・雷撃によるもの一六隻
・砲撃によるもの一隻

潜水艦対潜水艦の場合、雷撃に関してはすべてが水上航行中に雷撃を受けたものとなる。よって最初に潜水艦を探知した状況としてレーダーに探知された潜水艦が五隻、視認によるものが一二隻であることを見ても水上航走状態であったことがわかる。最近の邦画に見られる潜航した状態で、水中間に魚雷を撃ち合うというのは事実とは異なる空想である。

◆触雷三隻

◆事故六隻

◆原因不明二四隻

原因不明とは、沈没した詳しい場所や原因が不明な場合を指す。戦後の米側の資料からも、該当期間や場所で潜水艦に対して戦果を記録している資料がないのである。当然、全員戦死のため敵の攻撃を受けたものなのか、事故によるものなのか永遠にわからない。

多大な犠牲に対して戦果はどうであったろうか。日本海軍の潜水艦対艦艇では撃沈が一三隻、撃破が八隻である。そのうち空母が三隻というのが特筆されるが、米潜水艦が日本海軍の艦艇を撃沈した数を見ると、その差は歴然となる。米潜水艦による日本海軍の戦艦や航空母艦、巡洋艦などの艦艇の撃沈数は一八九隻にもなる。航空母艦であれば「翔鶴」「大鳳」や「信濃」、戦艦であれば「金剛」である。

また、輸送船やタンカーとなるとさらにその差は開く。日本海軍の潜水艦が撃沈した船舶は、一七九隻約九〇万トンに対し、米潜水艦は一一五〇隻約四八六万トンにもおよぶ。これこそが日本軍の敗戦を早めた一因であるといっても過言ではない。

艦艇や船舶の撃沈撃破だけが戦果ではない。潜水艦の任務には偵察や輸送、砲撃といった任務もあった。日本海軍しか実戦で使用しなかった航空機偵察は、特筆すべき戦果であろう。飛行機偵察は東太平洋で七回、南太平洋で三三回、北太平洋で六回、インド洋南西方面で一〇回の計五六回実施されている。

その他潜航偵察では東太平洋で一七回、南太平洋で四一回、北太平洋で一七回、インド洋南西方面で一五回、計九〇回におよぶ。輸送任務は最も過酷を極めた。総計ではじつに二八八回におよび、不成功は二五回、喪失潜水艦は二〇隻にもなる。内訳は南東方面で二一四回、喪失潜水艦八隻、北東方面では四六回、喪失潜水艦は三隻、中部太平洋・日本近海では四五回、喪失潜水艦は八隻、南西方面で八回の喪失は一隻である。砲撃任務では合計三〇回実施されている。

運用篇

艦橋からの望遠鏡による見張り

暗夜の洋上で砲撃戦を行なう乙型・伊一七潜

△航空機から空爆される潜水艦
巡潜三型に装備された一四センチ連装砲

48　主力艦艇襲撃

戦前は戦艦、開戦後は航空母艦の撃破・撃滅が日本海軍の最大の使命であり、戦略戦術上の最重要目的として考えていた。いわゆる艦隊決戦主義である。潜水部隊も決戦前に一隻でも多くの敵主力艦を撃破できるよう、必死の訓練と作戦を実施してきた。しかし敵主力艦の対潜警戒は厳重であり、また高速で移動することもあって、捕捉・襲撃は困難であった。逆に敵の対潜部隊に探知され、いわゆる返り討ちにあうことが少なくなかったのである。

まだレーダーやソナーの技術が発達しておらず、対潜部隊が充実していなかった昭和十八年前半までは、敵主力艦への襲撃が幾度か成功し、大きな戦果を挙げることができた。具体的には、伊一六八潜田辺弥八艦長が「ヨークタウン」、伊一九潜木梨鷹一艦長が「ワスプ」、伊一七五潜田畑直艦長が「リスカムベイ」を撃沈、伊六潜稲葉通宗艦長が「サラトガ」、伊二六潜横田稔艦長が再度「サラトガ」を撃破した。

戦艦では同じく伊一九潜の木梨鷹一艦長が「ノースカロライナ」を、特殊潜航艇がディエゴスワレスで「ラミリーズ」（英戦艦）を撃破に留まり、撃沈はついに果たせなかった。巡洋艦では伊五八潜橋本以行艦長が重巡「インディアナポリス」を、軽巡では伊二六潜の横田稔艦長が軽巡「ジュノー」を撃沈している。

開戦劈頭、真珠湾を包囲した潜水艦が、航空攻撃で打ち漏らした主力艦をつぎつぎと撃沈する目論みが大きく狂い、逆に味方に損害が出る状況に陥った。その中で唯一、戦果を上げたのが昭和十七年一月の伊六による「サラトガ」撃破だった。しかも極めて運の良い襲撃であった。

通常、当時の潜水艦の魚雷攻撃は、各魚雷に三度の開角を与えて六本発射する。そのうちの一本が命中する距離は一五〇〇メートル以内とされた。しかし伊六潜が「サラトガ」を襲撃した際、四門の前部魚雷発射管のうち一門が故障していて、三本しか発射できなかった。さらに発射した距離が四三〇〇メートルと長大であった。とても命中を望める襲撃ではなかったのである。しかし結果はなんと二発も命中し、しかも同じ個所に命中したという。撃沈には至らなかったが数少ない米正規空母を半年間、行動不可能としたことは大きな戦果であった。

「サラトガ」はこの後、伊二六潜にも魚雷を受けるが、これも沈没に至らなかった。初の航空母艦撃沈は、昭和十七年六月のミッドウェー海戦後の「ヨークタウン」撃沈である。田辺艦長は伊号潜水艦長としては初陣にもかかわらず、大胆にも手負いの「ヨークタウン」に対して近接を果たした。対潜警戒は厳重で、わずかでも潜望鏡を露頂したら発見される。敵の駆逐艦が真上を通る音を何度も聞きながら、潜望鏡を上げずそのまま進んだ。

　ところが、最後に潜望鏡を上げてみると航空母艦が山のように写るほど近距離で、このまま魚雷を発射すれば艦底を通過してしまう。そこで、なんと田辺艦長は敵の只中、三六〇度旋回したのである。そして十分に間合いをとり二本ずつ四本の魚雷を発射。すべての魚雷が命中し、「ヨークタウン」に横付けしていた駆逐艦まで同時に撃沈を果たしたのである。

　三隻目の戦果は伊一九潜によるものである。昭和十七年九月、サン・クリストバル島付近で米空母「ワスプ」を発見。発見当初は襲撃が困難な位置にあったものの、敵の変針により絶好の射点に占位でき、木梨艦長は沈着冷静に魚雷六本を発射した。結果、驚くべきことに「ワスプ」に三本が命中し撃沈、外れた一本は戦艦「ノースカロライナ」に命中し大破、もう一本も駆逐艦に命中して、その場での沈没はまぬかれたが、回航中に沈没した。

　つまり一回の襲撃で空母一隻撃沈、戦艦一隻撃破、駆逐艦一隻撃沈という驚異的な戦果を挙げたことになる。無傷の正規空母を潜水艦単独で撃沈したのは、後にも先にもこれが最初で最後である。

　昭和十七年十一月、「サラトガ」を撃破した伊二六潜横田稔艦長は軽巡「ジュノー」を撃沈した。伊二六潜は魚雷を三本発射。そのうちの一本が火薬庫付近に命中、「ジュノー」は大爆発を起こして船体が二つに折れ、二〇秒で轟沈した。沈没時、約一〇〇名の生存者がいたが、救助を待つ八日間の間につぎつぎと死亡し、一〇名だけが救助された。

　昭和十八年十一月、田畑直艦長の伊一七五潜が護衛空母「リスカムベイ」を轟沈させた。空母を撃沈した最後の戦果である。命中した場所が航空機弾薬庫のために大爆発を起こし、船体が折れ、瞬時に沈没した。乗員九〇〇名の約三分の二が戦死し「リスカムベイ」の戦死者はマキン島攻撃による死傷者を上回った。

しかし、この戦果を境に敵主力艦への戦果はほとんど皆無となり、逆に日本潜水艦の損害が急速に増え続ける。昭和二十年七月に重巡「インディアナポリス」が橋本艦長の伊五八潜に撃沈されるまで、一年九ヵ月にわたり巡洋艦以上の戦果は皆無となった。

49　散開線

散開線とは日本海軍独自の潜水艦における基本戦術である。今日では潜水艦は隠密に単独行動することが最も適しているとされているが、当時の潜水艦はあくまで隊で行動して、敵を迎撃していた。

日本海軍では三隻ないし四隻で潜水隊を編成し、さらに潜水隊複数で潜水戦隊を構成していた。潜水戦隊や潜水隊は、敵を攻撃する際に敵航路の前程に各潜水艦を適当な距離に分散させ、隠密を保持して敵の来攻を待った。この分散を散開といい、分散して所要の地点に配置することを散開配備といった。散開にはいくつか種類があり、敵に対して潜水隊を広正面に分散配列するなかで、進撃散開、待機散開、索敵散開、避敵散開の四種があった。

・進撃散開

散開した後、引き続き敵に向かい進撃すること。

・待機散開

散開した後、その位置にあり敵が来るのを待機すること。その際散開線と散開面があった。

散開線とは単線を以って構成する待敵散開で、散開面は複線を以って構成する待敵散開を指した。

・索敵散開

散開して索敵を行なう場合。

・避敵散開

主として航空機または軽快部隊の攻撃を避ける散開することをいう。

散開配備は当然ながら会敵の公算が大きい海域を選択しなくては意味がなかった。さらに指揮及び通信を考慮し散開運動が簡単でかつ配備の形成が迅速でなくてはならないが、敵に触接した際には協同襲撃が基本であった。

散開の形式は、一線もしくは三角形の二種類があり、基本は線散開として敵の予想航路に直角になるように形成された。潜水戦隊にあっては単線と複線の選択が可能で、単線は比較的広範囲に、複線は地形、潜水艦の隻数の関係から広正面を要しない場合に適用された。散開線における潜水艦の間隔は少なくても三浬、通常五から六浬とされた。具体的には当時の艦長に直接聞くところによると天候良好、波穏やかな際に隣の潜水艦が視認できるかできないくらいの距離だそうである。

複線配備の散開間隔は、前方散開と後方散開が構成されているため、後方散開線の潜水艦は前方散開線付近の敵情を視認し、前線における敵情に応じ得る距離として七浬から一〇浬とされた。散開配備の決定は、自軍の企画する戦闘の種類、予想する敵の企画、会敵時における彼我の航行序列及び対勢、潜水艦の隻数及び性能、天象・地象、潜水戦隊の任務及び期待の程度によって決定されるべきとある。

さらに視界不良の場合は視界に応じて距離を短縮することは当然で、局地戦においても地形を利用し散開線の濃度を上げることを常とした。艦隊が積極的に戦闘を企図する場合、潜水艦の隠密より進出に重きを置いた。逆に誘致戦を企図する場合は、隠密に重きを置き潜航進撃・待機を実施したのである。

散開の要領

艦隊戦闘において潜水戦隊の散開は、艦隊最高指揮官が決定し、全軍に例示が原則であった。ただし前衛付属の潜水戦隊に対しては前衛指揮官の接敵状況に応じて配備が可能で、配備後最高指揮官及び全軍に報告通報していた。潜水戦隊指揮官は散開配備にともない以下の事項を掌握するよう努めた。

・友軍及び旗艦の行動概要
・自隊の現位置
・散開の形式
・配備につくべき時刻

・散開基点
・散開距離並びに間隔
・進撃方向、速力、進撃中の状態
・待敵方向及び待敵中の状態
・敵がわが散開面通過後における各潜水隊の行動
・集合点及び集合時間

散開の下令には潜水隊散開程式によるものとあらかじめ散開配備を定めておく方法と二種類存在した。前者は、潜水戦隊集結の状況により随時随所に散開する場合をいい、後者は相当時間の余裕をもって遠距離の予定地点に散開する場合に用いられた。

通常、潜水隊散開は簡単にして多くの場合、集結して散開を下令され、潜水戦隊の場合はあらかじめ開進して散開準備隊形をつくり、爾後敵情により散開を下令される場合が多かった。散開配備の変更は、敵情に応じて移動変更する場合が多く、潜水艦の速力、通信力の貧弱さを考慮し、敵の妨害することが定められており、具体的には以下の考慮次項があった。

・命令通達のための時間
・移動距離と当時の天候において発揮し得る潜水艦速力
・敵補助部隊もしくは飛行機に対する退避潜航による速力の低下

・潜水艦の艦位誤差、潜水艦の状態

しかし実際は戦史報告を見ると、第一線の潜水艦の状況を想定せず頻繁に散開線の変更を命じてくる上級指揮官に不満が出ている。上級司令部は敵情の変化に対して、すぐさま隷下の潜水艦の配備を変更する、あるいはできると思っており、またそれが迅速に移されない場合には艦長以下の乗員に対して不満を強く表わした。

そもそも当時の潜水艦の能力から散開線、散開面の戦術は成功とはいえず、日本人の真面目で几帳面さから散開配備地点が正確で敵に配備点を推察されるケースも生まれていた。結果論であるが、潜水艦は単独行動が望ましく、散開線戦術は不適切といわざるを得ない。

50　交通破壊戦

戦後になって、日本海軍潜水艦の成績不振は、戦艦・航空母艦に固執し、交通破壊戦を行なわなかったからであると解く。実際には行なわなかったのではなく、徹底して実施できなかったことにある。戦果を見ると、太平洋方面の交通破壊戦参加潜水艦は延べ四〇隻で、撃沈五四隻、撃破二四隻。インド洋では参加三八隻、撃沈一一五隻、撃破一五隻だった。潜水艦単位の戦果では、伊二七潜の輸送船一四隻が最高である。艦長としては同艦四代目艦長の福村利明中佐が、昭和十八年三月から十九年二月までの間に輸送船一三隻を撃沈した。日本のトップエース福村艦長は、戦死後二階級特進を果たす。他国を見ると、個人単位では独Uボートのクレッチマー少佐が輸送船四四隻を撃沈しているのが最高である。

広い太平洋やインド洋で輸送船を見つけることは決して容易ではなく、戦果を得るにはある程度の作戦行動期間が必要であるが、七ヵ月以上交通破壊戦に従事した潜水艦は六隻と極めて少ない。以下に参加期間と戦果を整理する。

日本の交通破壊戦の参加期間及び戦果

潜水艦	行動月数	戦果
伊二七	一五ヵ月	一七隻撃沈
伊一〇	一二ヵ月	一六隻撃沈
伊一六五	一〇ヵ月	八隻撃沈
伊三七	一一ヵ月	七隻撃沈
伊一六六	九ヵ月	七隻撃沈
伊一六二	七ヵ月	六隻撃沈

主な交通破壊戦

真珠湾攻撃の後、十二月十日ハワイ南東のカイウイ水道に位置していた伊六は「レキシントン」型空母の発見を報じた。これによりオアフ島北方に展開していた第一潜水戦隊七隻の潜水艦に、発見した敵空母の追跡を命じ、ハワイと米本土にいた二隻の潜水艦には待ち伏せを指示したのである。

しかし、高速で移動する敵空母への追跡も待ち伏せも容易ではない。結局「レキシントン」型空母は捕捉することはできず、北米西岸近くまで達してした。そこで、北はシアトル沖から南はロサンゼルス沖まで九隻の潜水艦による米本土沖での交通破壊戦を実施したのである。米側の警戒が厳重であったこと、作戦期間が短期であったことから多大な戦果とはならなかったが撃沈五隻、撃破五隻の戦果が数えられた。

続く昭和十七年一月から三月にかけて第五潜水戦隊の海大三型、四型、五型に属する六隻の潜水艦はカムラン湾を経てインド洋に進出した。あわせて機雷潜型の潜水艦二隻も東インド諸島海域で二隻の撃沈破の戦果を挙げ、第五潜戦はインド洋で第一次交通破壊戦を展開した。一月二十日から二月四日までの期間に五隻の潜水艦が一三隻の撃沈破を数えた。引き続き三月末まで第二次インド洋交通破壊戦ではやはり五隻の潜水艦が一二隻の撃沈破の戦果を挙げた。またほぼ同時期に第四潜水戦隊もジャワ近海で三次にわたる交通破壊戦を実施し、一六隻の撃沈破を数えている。

また開戦時にハワイで活躍した第二潜水戦隊の七隻の潜水艦は一旦内地に帰投し、再び南方部隊に派遣され機動部隊のインド洋作戦に協力した後、昭和十七年三月から四月にかけて二次にわたるインド洋交通破壊戦を展開した。戦果は一七隻の撃沈破を挙げている。

以上からインド洋を中心に昭和十六年開戦時から昭和十七年の四月中旬に至る期間で、五五隻の撃沈、撃破六隻におよび、損害潜水艦は二隻に留まった。また太平洋方面では一八隻を撃沈し、わが損壊は五隻だった。

四月からは一時中断していたインド洋交通破壊戦が新たに編成された第八潜水戦隊で再開され、特殊潜潜航艇の攻撃後に果敢に続けられ、二三隻の撃沈破の戦果を数えるに至るのである。

以上のことからも、やはり警戒厳重な敵主力艦を追いかけるより、交通破壊戦一定の戦果が期待できるとし、大本営はインド洋及び豪州方面での交通破壊戦の強化を企図した。

すなわち、すでに交通破壊戦を実施していた第八潜水戦隊に加え、第一、第二潜水戦隊をインド洋に、第三潜水戦隊を豪州方面で使用する計画を立案し、潜水艦の特性を活かした一大交通破壊戦を実施するに至るのだが、八月七日に米軍がガタルカナル島及びツラギに上陸した結果、一部の潜水艦を除き、ガ島方面へ進出させることを決めたのである。結果論であるが、この米軍の反攻作戦は絶妙のタイミングであった。もし、いくばくか遅れて四個潜水戦隊による交通破壊戦の戦果が著しいものであったら、この後の潜水艦作戦に多大な影響を与えた可能性が高い。レーダーやソナーを駆使した米軍の本格的な対潜戦の準備が整う前に、交通破壊戦が徹底できなかったことは痛恨の極みといえる。

51　偵察任務

日本軍の潜水艦による偵察任務は、飛行偵察と潜航偵察に大別される。とくに飛行偵察は日本独自のもので、潜水艦搭載の航空機を実作戦に投入したのは日本海軍だけであった。第一次世界大戦以降、フランス、ドイツ、アメリカ、イタリアなどが潜水艦搭載航空機の開発を試みていたが、どれも実用化には至らなかった。なぜなら、潜水艦に搭載するための機体の小型化や波浪に耐えうる機体設計、格納筒の水密性や耐圧性など、あまりに技術的な課題が多かったのである。

各国が開発を断念していくなか、日本海軍は粘り強く開発を進め、昭和三年に横廠式一号水上偵察機を完成させた。そして、機雷潜型の伊二一潜に搭載し実験を成功させたのである。さらに発動機や主翼の設計を変更した二号偵察機を造り、ついに九一式水上偵察機が潜水艦搭載水偵として制式採用され、伊五潜に配備された。

しかし、当時はまだ潜水艦用のカタパルトがなく、水偵をデリックで海面に降ろして発進させていた。昭和八年、カタパルトが潜水艦に装備されて射出機発進が可能となり、実戦に投入できる可能性が高くなった。その後、昭和十一年に乗員二名の九六式水偵が制式採用され、翌年から巡潜型と乙型に搭載が進み、対米開戦を迎えた。

昭和十七年には、零式小型水偵が採用され、順次九六水偵と換装されたが、戦局悪化のため、潜水艦による航空偵察は困難となり、昭和十八年十一月以降は潜水艦から水偵が発進することはなくなった。それにともない、多くの搭乗員が戦闘機へと転科をしている。潜水艦から航空偵察を実施した作戦は全五四回で、未帰還は意外と少なく三機であった。

特筆すべきは、昭和十七年九月前後の二回にわたり、伊二五潜から飛び立った航空機が米本土への空襲を敢行した件である。空襲の目標を米本土西海岸のオレゴン州の森林部とし、焼夷弾を投下しての山林火災を企図した。そのため人的被害はなく、火災についても空襲前日までの雨のため、山火事になることなく消火されている。

世界で唯一実用に成功した日本海軍の潜水空母の考えは、後に水上攻撃機「晴嵐」を生み、当時世界最大の潜水艦、潜特型に三機を搭載した。当初は米本土、後にパナマ運河の攻撃を企図したものの、「晴嵐」の実用化に手間取ったため実現しなかった。そして終戦直前、ウルシーを空襲するために伊四〇〇潜と伊四〇一潜が出撃、途中で終戦を迎える。潜特型を接収し研究した米海軍は、後の戦略原子力潜水艦のモデルにするなど、潜特型は高い技術と優れた運用性で傑出した成果を残したといえる。

潜航偵察は潜水艦のお家芸ともいえる。警戒厳重な敵要地に隠密裏に潜入し、潜望鏡を駆使しての偵察が可能である。水上艦は無論のこと航空機においても偵察が困難な状況においても潜水艦であれば、敵地深く偵察任務が可能となる。太平洋戦争中、要地偵察として敵威力圏下で偵察任務に成功したのは、記録が残っているだけで六四ヵ所を数える。ただし潜水艦ならではの欠点としては、潜望鏡での偵察では視認できる範囲が限られること、またせっかく敵兵力や所在の有無を確認できても、通信能力が低いことがあげられる。

52　砲撃任務総括

潜水艦に搭載される砲は決して大口径ではなく、八センチ、一〇センチ、一二センチ、一二・七センチ及び一四センチであった。各大砲の特長は以下のとおりである。

四五口径三年式一二センチ単装砲（年式とは大正の年号を指す）

原型はイギリスの大砲で大正時代に第一線で活躍した駆逐艦に搭載していたが、本砲はそれを潜水艦用に改良したものである。潜水艦の搭載砲の基本である潜航時に備え、水密化と砲身からの排水が可能な開口部がある。搭載した潜水艦は伊号潜水艦の初期のみで、海大一型、二型、三型ａ、五型のみに搭載された。

四五口径十一年式一二センチ単装砲

海大型の主力を務めた単装砲で、海大三型ｂ、四型、六型ａ、六型ｂ、七型に搭載されている。最大射程は一万五〇〇〇メートルであるが、当時の技術や潜水艦の特性から照準装置はもたず、あくまで砲手の直接照準であった。

四〇口径十一年式一四センチ単装砲

ベースは戦艦の副砲として使用されていたものを潜水艦に改良したものである。これまでの四五口径から四〇口径に短縮されたことにより、艦上の取り回しがしやすくなっている。装備された潜水艦は多く機雷潜型、巡潜一型、甲型、乙型、丁型、潜輪型、潜特型と太平洋戦争で戦った主力潜水艦の多くに装備されていた。

四〇口径十一年式八センチ単装砲

小艦艇に装備されていた大砲で、呂号潜水艦　L四型に装備された砲である。

五〇口径八八式一〇センチ単装高角砲

潜水艦搭載用として開発された高角砲である。潜水艦の弱点である対航空攻撃用として搭載された。しかしながら、射撃指揮装置が潜水艦の構造上、設置が困難なことから命中精度が低く、また大砲が大型化するので水中での抵抗が多かった。装備された潜水艦は海大五型、六型ａと少ない。

四〇口径八八式単装高角砲

海大二型、海中五型、中型といった主に呂号潜水艦に装備された。

四〇口径八八式一二・七センチ単装高角砲
大型の潜水艦用に開発された高角砲である。巡潜一型改、巡潜二型に装備された。水上艦の一二・七センチ高角砲とは異なり砲弾の自動装塡機能がない。

四〇口径十一年式一四センチ連装砲
潜水艦装備には珍しい連装砲で巡潜三型に装備された。当時の潜水艦の大砲は、艦の前後部に各一門装備していたが、巡潜三型の航空機を搭載した艦であるため大砲一門のみの装備となるので、火力低下を恐れて連装砲とした。

一四口径三式八センチ迫撃砲
日本陸軍の歩兵砲を海軍用に改良して海防艦に搭載し、さらに潜水艦用にしたのが本砲である。丁型改、潜補型、潜輸型に搭載された珍しい大砲である。

潜水艦の大砲は魚雷と比べて二次的な装備で、戦局が有利な時期は護衛のないタンカーや一発の魚雷では沈没しない大型商船などの攻撃に用いるか、敵島嶼へ心理的効果を狙った陸上砲撃などに使用された。よって、潜水艦の砲術長は大艦の砲術長とは異なり、若い少尉や中尉の職分で、辞令ではあくまで潜水艦乗組として配置され、後に潜水艦長の職務執行で砲術長を拝命していた。

陸上砲撃では潜水艦の得意性を活かし、敵地奥深く潜入し、突然砲撃を実施するので非常に脅威を与えることができた。実際には東太平洋方面で一九回、南太平洋で一〇回、インド洋方面で一回実施されている。特筆すべきは、米本土砲撃である。昭和十七年二月に伊一七潜がサンタバーバラの油田地帯を、六月には伊二六潜がカナダのバンクーバー島無線局を、同じく六月に伊二五潜がオレゴン州アストリアにそれぞれ一七発ずつ砲撃を実施した。先の空襲とあわせて正規軍が米本土を空襲もしくは砲撃を行なったのは、日本海軍の潜水艦だけである。

潜水艦の給弾については前述したように艦内からの給弾装置はなく、甲板上の弾薬庫に積載している砲弾は一七発というのが一般的で、高性能な照準器もなく、射撃はもっぱら目視による直接照準であった。しかし戦局が不利になると、敵地近くに浮上して砲戦することは不可能となり、逆に大砲を使用するときは潜水艦にとって最後の攻撃手段となることが多かった。すなわち敵の制圧を受けた潜水艦が何もせずに撃沈されるより、浮上を試みて最後の反撃を行なう際に使用された。つまり潜水艦が大砲を使用する時は最期の時となったのである。

53　輸送作戦総括

輸送ほど潜水艦の作戦に支障をきたした任務はなかった。戦局が守勢となってから、取り残された島嶼の友軍に対して、危険を顧みず地道に黙々と物資を運んだのである。襲撃の際、戦艦や航空母艦などの主力艦に魚雷を命中させれば未帰還も辞さないというのが潜水艦乗りの気概である。一方、輸送任務は、無事帰還することが最大の任務である。往路は主に物資を運び、復路は人員を運んだ。往復路とも無事でなければ任務成功といえなかったのである。

潜水艦輸送で最も功績があったのは伊三八潜であろう。安久栄太郎艦長は大酒のみで有名だったが、一度出撃すればその適確な指揮は見事であり、部下の信頼は絶大であった。安久艦長は、人の嫌がるニューギニアへの潜水艦輸送を二三回も実施し、すべて成功させた功により拝謁の栄に浴している。

そもそも潜水艦で輸送できる物資には限度がある。通常であれば一五トンから二〇トン、最大で二〇トンから三〇トンが限界だった。駆逐艦が輸送できる量は一三〇トン、兵員は二五〇名であることからも、潜水艦での輸送がいかに非効率であったかがわかる。陸軍の一個大隊約一〇〇〇名は一日約一〇トンの補給が必要だったといわれる。

つまり潜水艦一隻で一個大隊なら三日、連隊なら一日で消費する勘定である。そのため、一日おきに潜水艦を派遣したり、様々な工夫をして少しでも積載量を増やすことを考えた。その一つがゴム袋輸送である。南京袋に米を入れ、さらにゴム袋に入れ、八〇個をひとつにまとめる。それをキャンバスで包み、合計で六四〇個のゴム袋を潜水艦の後甲板に固定した。目的の陸岸に近づき、固定していた縄をほどくと、潜水艦は浮上しなくてもゴム袋が浮揚する仕組みにしておいたのである。潜水艦輸送にとって最も危険なのは、敵の制空権・制海権の中で隠密性を武器とする潜水艦がその位置を暴露することである。ゴム袋を使用し、浮いた袋を友軍の大発が回収することで輸送が完結する。

しかしそれでも輸送量の不足は補うことはできなかった。そこで考えられたのが特型運貨筒である。特型運貨筒は、特殊潜航艇の船体に魚雷や電池を搭載せず空所とし、その部分に約一〇トンの物資を積載するものである。単独で潜航することはできず潜水艦の甲板に搭載され、陸岸近くで潜水艦から離れる。操縦員が航行させて岸に乗り上げ、物資を運んだ。操縦員もそのまま上陸し、次回の潜水艦が派遣された際に帰還するのである。実際にガ島輸送に使用され、成功した操縦員は無事帰還を果たしている。

このほか、潜水艦に曳航される自走ができないタイプの運貨筒や、陸砲を運ぶ運砲筒なども実戦投入された。しかしこれらの特殊な運送手段も、昭和十八年後半の敵勢力優勢下においてはますます使用することが困難となっていった。そしてついに、輸送用潜水艦が建造されるに至る。潜補型、丁型、潜輸型などである。

潜補型はもとは飛行艇に航空燃料や消耗兵器を補給する母艦として開発され、丁型は陸戦隊と上陸用舟艇を搭載して奇襲上陸を行なう目的で建造されたものである。特殊部隊を潜水艦で運ぶのは今日でも実用されていることから、極めて先見の明があったといえるが、惜しむらくは戦局がそれを許さなかった。しかし、丁型は一二隻が建造され、輸送任務や回天の母艦として活躍し、戦時中に計画して戦力化に成功した数少ない潜水艦となった。ただし、いずれにしても労多くして実の利少なしといわざるを得ない。

雑学篇

狭い潜水艦の前部兵員室で食事中の乗員たち

潜水艦の乗員には迅速な動きがもとめられた

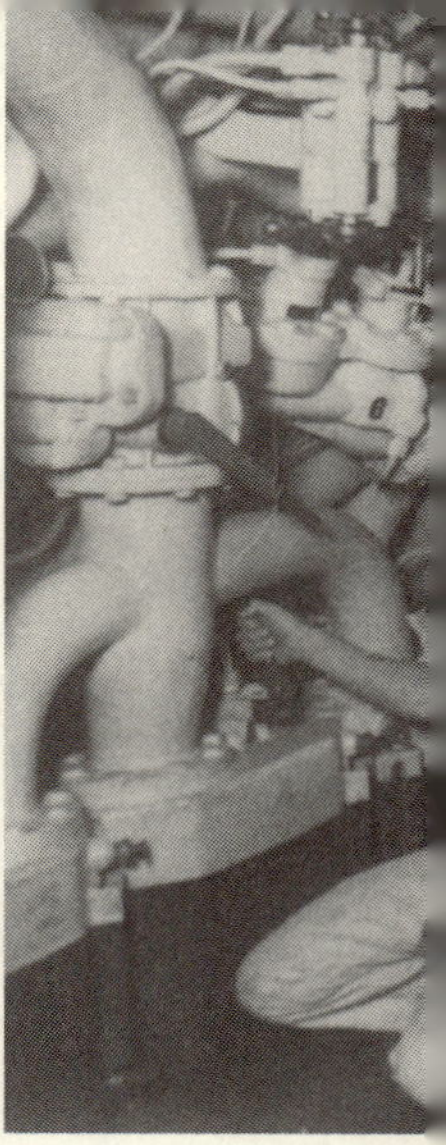

△丙型改・伊五三潜の魚雷発射管室
おびただしい弁と機器類の中で作業する機関科員

54　潜水艦の特性

水中に潜航できるという潜水艦は極めて特殊な艦であるといってよい。故に強点と弱点が他の艦種より極端である。

潜水艦は敵に発見されず攻撃を行なうことができれば、これほど強力かつ手ごわい相手はない。しかし、逆に敵に発見を許せば潜航したとしても速力は遅く、反撃できる手段を持たないことからも一気に脆弱となる。よって潜水艦は海中という自然環境を味方につけ、隠密裏に行動を果たし、敵より先制して攻撃を実施し、可能な限り敵の探知・攻撃から逃れることが極めて重要となる。

ただ、潜水艦以外の他の艦種や航空機にも強点と弱点はあるが、潜水艦ほど極端ではない上、異なる兵種の協同や編制によってその弱点を補うことが可能である。例えば航空母艦は攻撃力大であるが、防御力は弱い。よって護衛の航空機や艦艇と艦隊を組むことで、防御力の弱さを補っている。しかし潜水艦は基本的に単艦行動であり、水中で他の艦どうしで補完しあえることはできない。よって潜水艦は海中での三次元という特殊な環境、特性の中、個艦の乗員の能力と技術力・性能だけで戦い、勝負をつけなくてはならないという他に類例のない異能な兵器といえる。

潜水艦の強点（第二次世界大戦当時）

・潜航中は勿論、水上状態においても隠密性に富む

・魚雷力大にして隠密肉薄し、独力敵主力を倒すことが可能

・航続力大にして遠距離行動に適する

・いかなる強敵の攻撃をも避け、掩護部隊を有せずとも単独敵対行動を執ることを得る

潜水艦の弱点

・速力貧弱、とくに水中速力は極めて低劣にして、急を要する行動に適さず

・見張り能力貧弱、とくに潜航中の視界は甚だ狭小にして、敵を逸し易し

・水中通信力不十分にして作戦の実施を阻害すること大なり

・砲力小にして、敵飛行機は勿論、軽快艦艇に対し潜航退避の止むなきこと多し

潜水艦の速力

兵器にとって速力の優劣は重要である。低速であればそれだけ移動時間が長くなり、時間的に余裕を持った行動をしなければならず、その分制約も多くなる。速力が優れていれば障害が少ないうえに、それを回避することが容易である。第二次世界大戦時の潜水艦の場合、もっとも速力に劣るのは、潜航中の潜水艦である。

当時の潜水艦の水中速力は常用数ノットに過ぎず、動力を電池に依存するため航続力にも劣り、水中機動力は著しく低いものとなる。敵より速力が遅いことは、作戦能力を発揮し続けることができないことを意味する。探知されていなければ攻撃失敗ですむが、探知されている場合回避が困難となり、ほとんど撃沈される危険性がある。

潜水艦の航続力

航続距離とは、基準速力で航走持続可能の距離を示すもので、速力と浬を単位として距離を表わしていた。長大な航続距離が特長だった潜特型はさらに長大で一四ノットで三万七五〇〇浬だった。航続力は、移動距離と作戦継続期間に影響する。言い換えると航続力は、作戦に地理的自由度と時間的自由度を与えるものである。したがって、航続力を単なる航続距離と考えるのではなく、作戦継続時間、あるいは作戦継続能力及び作戦距離として考える方がより現実的である。

潜水艦の運動性能

運動性能はいいに越したことはない。潜水艦の場合、潜航性能、すなわち水中での運動性が重視された。とくに敵に発見された場合などの急速潜航速度は重要で、乗員が訓練においてすばやく艦内に収容できても、肝心の船体がなかなか全没しなくては意味がない。また船体に対して舵の効き方も重要で、水上艦と異なり三次元であることから潜舵といわれるものが加わり複雑な動きを要求された。

爆弾や魚雷を回避するときも、機敏な運動性能は必要である。しかしながら潜水艦は、水中における速度も低速で、安全潜航深度も一〇〇メートル前後と当時の魚雷や爆弾、爆雷はほとんど無誘導で自由落下や直進するので、操艦で回避することが可能ではあるが、潜水艦の回避運動は決して優れてはいなかった。

潜水艦の攻撃力

潜水艦の攻撃力はいうまでもなく魚雷によるものである。当時の魚雷は誘導魚雷ではなく、観測して最適かつ近距離で発射しなくては、命中は期待できなかった。複数の艦から数十本の魚雷を発射する水上雷撃と違い、潜水艦は数本を発射するに過ぎない上、測的の困難性もあって射程はせいぜい二〇〇〇メートルであり、日本海軍の場合、八〇〇メートル程度が最良射程とされていた。しかしながら炸薬量が大きい魚雷の威力は絶大で魚雷一本で大型艦を撃沈することが可能であり、同時に複数の敵艦を続けて撃沈ないし損害を与えることが可能だった。

55　伊号、呂号、波号とは何か

潜水艦の艦名は、明治三十八年に初めて潜水艇を有した際には、第一潜水艇、第二潜水艇と建造の順番に番号のみの名称をつけていた。潜水艇と呼ばれたものは一八艇で、一から十三までは順番どおり、十四と十八が欠番となり二十までが潜水艇と呼ばれた。

大正八年四月に潜水艇が潜水艦と改められ、同時に水上排水量により三等級に分けられた。すなわち一〇〇〇トン以上を一等、一〇〇〇トン未満五〇〇トン以上を二等、五〇〇トン未満を三等としたのである。

引き続き番号順の呼称は大正十三年まで続いた。番号を見ると第一から五一番までは欠番なく続き、以降五〇、六〇番代は欠番が多く七〇番代は七一から七八番まで順序よく命名されて、なぜか八四番まで飛んでいる。

しかし、潜水艦の保有が進むと、これまでの輸入潜水艦に加えて、日本海軍独自の設計をした海中型に加えてドイツの影響を大きく受けた巡潜型や機雷潜型が建造され始めると一貫番号ではその型式が混然として、非常に不便かつ違和感を覚えるようになった。よって大正十三年十一月にさらに艦名の大きな変更がなされた。それはこれまでの一等を伊号、二等を呂号、三等を波号とした。この名称はご承知のとおり昭和二十年の終戦まで継承された。さらに艦番号にも区別を付けるようにした。

一等潜水艦
伊一潜以降　巡潜型
伊二一潜以降　機雷潜型
伊五一潜以降　海大型
二等潜水艦
呂一潜以降　F型
呂一一潜以降　海中型
呂五一潜以降　L型

この改正は当初きわめて便利なものとして運用された。艦名を見るだけで大きさや型式が判別できるようになり、無味乾燥な番号のみの艦名に意味が加えられたのである。しかしさらに潜水艦の建造数が増大してくると、意外な不具合が生じてきたのである。潜水艦技術や潜水艦戦備の躍進から新巡潜型ともいうべき、甲型、乙型、丙型が多数建造されるにおよび艦番号が先の区別には収まらなくなったのである。

甲型は巡潜三型の後を受け、伊九から順次艦名をつけたが、伊一四で乙型に追いついてしまったため、伊一五潜と伊一潜は二代目の命名予定となった。乙型と丙型は一五から奇数は乙型、偶数は丙型として順番どおり命名したが、機雷潜型の二一、海大型の五一にこれもまた追いついてしまう。仕方なく昭和十三年に機雷潜型の伊二一潜～伊二四潜には一〇〇番代を付与して伊一二一潜～伊一二四潜となった。

続いて海大型は昭和十七年に同様の変更がなされ、日米開戦時には二桁の艦番号であった海大型は開戦後の半年で三桁になった。しかも、当然ではあるが付与された昭和十七年五月以前で沈没した潜水艦には、そのまま二桁であるため余計煩雑となる。混乱を避けるため、戦後に刊行された文献は開戦当初から、断わりを入れて三桁での艦名表記が多いが、当時の一次資料は当たり前であるが忠実に二桁となっているので、書かれた年月を確認しないと錯綜してしまう。

結局、奇数、偶数での区別もわずか二年後に中止をしてしまうため、丙型は伊一六潜から伊二四潜まで綺麗に奇数番号だが、その後大きく飛んで伊四六潜から命名されている。やはり建造計画というのは、戦時平時の分かちなく様々な状況の変化で変更されるので、何号から何型というような命名方法は採るべきではない。同じく海上自衛隊の潜水艦における艦番号も同様の方法が散見される。

海上自衛隊の場合は、戦後初の潜水艦は米海軍の貸与艦で「くろしお」でスタートしたが、艦番号はSS五〇一が付けられた。続く国産第一号の「おやしお」はSS五一一と一〇番飛んだ番号が付与された。その後の小型潜水艦である「はやしお」型にはさらに一〇番飛び、大型の潜水艦となった「おおしお」では三七番も飛んでSS五六一となった。以後、涙滴型三タイプ、「おやしお」型まで欠番なしの艦番号が順序よく命名されたが、前半の飛び番号が影響して、「おやしお」型の最終番艦の前に五〇〇番代がなくなってしまったのである。すなわち「おやしお」型は全部で一一隻建造されたが、一〇番艦の「せとしお」がSS五九九となった。最終番艦の「もちしお」がそのままSS六〇〇となるか、果たしてSS五〇一にもどるのか注目されることとなった。なぜなら、海上自衛隊の番号にも法則性があり、潜水艦は五〇〇番代、六〇〇代は掃海艇に付けられていたからである。

結果は「もちしお」は堂々とSS六〇〇を命名されるに至った。これは次に建造されたわが国初の非大気依存型エンジンであるAIPを搭載した新型潜水艦から五〇一を付けたいという思いがあり、同時に艦名もこれまでの「しお」シリーズを改め、命名基準を変更してまで「りゅう」を付けたことでのこだわりの表われが見てとれる。

一説によれば数字は一から一〇までが一番代、一一から二〇までが一〇番代という解釈であることから六〇〇は五〇〇番代であるといわれている。やや、こじつけの感は否めないが、確かに一番から始まることは確かなようである。その中で日本海軍の潜水艦にもどるが、不可思議な番号の型式がある。

これまで整理してきたように日本海軍の潜水艦の型式別の一番艦は常に一からスタートしていた。巡潜型は伊一潜から、機雷潜は伊二一潜のようにである。しかしなぜか、当時世界最大の潜水艦である潜特型は伊四〇〇潜が一番艦、小型の呂一〇〇潜もゼロからスタートしている。変わったところではドイツから譲渡を受けたUボートも呂五〇〇潜とゼロからだった。なぜ一番から付与せず、この三タイプだけゼロからスタートしたのか、今もって理由が見つからない。

いずれにしても、伊号波号呂号の名称は判り易く優れていると思うが、それに続く番号については変更が多く、戦史を研究する上でじつに煩雑である。当時の作戦運用の際には、やはり緊急の場合や潜水艦部隊以外の関係者にとり、混乱を少なからず招いたのではないかと想像している。

56　潜水艦長と潜水隊司令

「潜水艦長の時が一番良かった」と海上自衛隊の潜水艦出身者は異口同音に感想をもらす。ある潜水艦隊司令官は、司令官と艦長をもう一度やるならどっちをやると聞かれたら迷わず潜水艦長を選ぶそうだ。それほどまでに海の男たちを魅了する潜水艦の艦長とはどんな仕事内容なのであろう。

潜水艦の特長は、水上艦と異なり隊を成して行動することが少なく単艦行動が多い。そのため、潜水艦長は上級指揮官にたやすく意見やアドバイスを求めることが困難である。したがって、潜水艦の練度は潜水艦長の実力を超えることはないといわれている。イザという時の潜水艦長の判断が戦果を拡大し、緊急時から脱出することができる。

それと同時に運、不運も左右する。運のいい艦長、悪い艦長、あるいは運に恵まれる時、悲運の時も同じ艦長でも周期のようにやってくる。よって艦と乗員を預かる潜水艦長への道はじつに多くの経験と教育が必要なのである。

そもそも将来、潜水艦長になるスタートとして士官の潜水艦乗りはまずは二年目の少尉からである。「補伊号第○潜水艦乗組」として正式な辞令を受け取るが、配置は乗組だけで、科長には程遠い。まずは職務執行として乗組を命ぜられてから、砲術長兼通信長の役目が決まる。無論戦艦や巡洋艦の砲術長はエリートが務める花形セクションであるが、潜水艦の場合は異なる。

潜水艦の主砲は一門で、一二センチか一四センチの単装砲がほとんどで、上甲板にある弾薬庫に装備されている一七発の弾薬数がだいたい一回の射撃数で、精度の高い射撃指揮装置があるわけではない。この配置はいわば潜水艦を勉強させるような配置で、まれに中尉になってから乗り組みを命ぜられ航海長を任ぜられることもあった。戦時中は少尉候補生から潜水艦に乗り組み、短期間でも潜水艦の経験を積ませてから潜水学校に入校させるという例もあった。

しかし、まずは「ほんちゃん」の潜水艦乗りの登竜門は海軍潜水学校である。現在の海上自衛隊には潜水艦教育訓練隊という学校が呉にある。略称潜訓であるが、海自の場合、潜水艦乗りでこの潜訓の課程を卒業していない潜水艦乗りはいない。

例外に近いのが監理主任といわれる役目を持つ幹部で、いわゆる庶務を司る役割であり潜訓にて教育は受けるがドルフィンバッチは付けていない。しかし日本海軍の場合は潜水艦乗りにはいろいろなパターンがあり、戦時中にさらに様々なケースがあった。ここではまずは基本的な潜水艦士官のコースを紹介する。

そもそも潜水学校は、大正九年に呉湾に係留された「厳島」の後甲板において行なわれた海軍潜水学校開校式がスタートである。「厳島」は日清戦争で活躍した主力艦で、「松島」

「橋立」と並んで三景艦と呼ばれた。その「厳島」は大正九年七月に、特務艦に編入され潜水艦母艇となっていた。

余談だが「厳島」は後に大正十五年まで潜水学校の校舎として使用された。この当時の潜水艦隊は、総計九七隻の潜水艦建造が立案され、潜水艦は極めて重要な兵力に発展するに至る。発足当時、海軍潜水学校長は海軍教育本部長下に属していたが、大正十二年三月に呉鎮守府司令長官に隷属することとなった。発足から開戦後までの学生・練習生の区分は次のように制定された。

甲種（六ヵ月以内）

海軍潜水学校乙種学生教程を修了した者、あるいはこれに準ずる経歴を有する少佐、もしくは大尉で、将来潜水艦長の職務を遂行するに必要な学術技能を修得する教程。

乙種（四ヵ月以内）

海軍水雷学校高等科学生教程を修了した者、あるいはこれに準ずる経歴を有する兵科尉官、潜水艦乗組兵科将校として職務を遂行するに必要な学術技能を修得する教程。

機関（六ヵ月以内）

海軍工機学校高等科学生教程を修了した者、あるいはこれに準ずる機関科尉官で、潜水艦の機関長としてその職務を遂行するに必要な学術技能を修得する教程。

特修科（六ヵ月以内）

海軍将校兵科及び機関科特務士官、準士官に対して志願する者又は、特に必要と認める者、潜水艦の職員として必要な事項を修得する教程。

潜航術練習生（六ヵ月以内）

掌水雷（魚雷）、掌水雷（機雷）、掌機械、掌電気、水雷術、機械術に対して潜水艦乗員として技能を修得する教程。

いずれにしても潜水艦長への道は遠く、選ばれし者の配置であった。開戦時の潜水艦長を見てみると、開戦時に第一線の伊号、呂号の艦長は五七名。兵学校のクラスで見ると以下の分布になる。

四八期二名、四九期七名、五〇期九名、五一期一〇名、五二期八名、五三期四名、五四期三名、五五期、五六期六名、五七期三名、五八期一名。

年齢的にはだいたい五〇期が、開戦時に四〇歳である。よって三〇歳後半から四〇歳前半までの艦長で実戦を迎えたといえる。この艦長の年齢層は海上自衛隊の潜水艦の艦長に比べるとほぼ年齢層として一致もしくは若干若い。

海上自衛隊でこれまで最も若い艦長は三七歳である。開戦時の潜水艦長年齢を海兵でいうと五三期に相当する。この開戦時に艦長として出撃した五七名の艦長のうち戦死した艦長は三九名、戦死率は約六八パーセントである。大変な損害であるが潜水艦そのものの戦没率は約八二パーセントなので、潜水艦の場合はほとんど全員戦死のために開戦時の艦長の戦死率は低い水準になっている。

その理由は、大佐に昇任して艦を降り司令や参謀になっていることが要因と考えられる。もちろん必要な人事であろうが、司令という存在が日本海軍潜水部隊の場合、いまひとつ役割がはっきりしない。

水上艦艇の場合の司令、すなわち駆逐隊司令などは、複数の駆逐艦を統一指揮する必要があるので駆逐隊司令の指揮能力、判断力、人望に関しては戦果や損害に大きく影響する。しかし、潜水艦の場合はほとんど単艦行動のため、隷下の潜水艦を潜水隊司令が特定の潜水艦に乗艦してしまえば、直接指揮をすることはほとんど不可能に近い。さらに言えば、潜水艦長は通常中佐、司令は大佐であることから判断に迷いがでれば上級者に依存することになるだろうし、また逆に司令と潜水艦長の判断が異なれば司令の意見が優先されることもしばしばであろう。

しかし、その艦の特長を最も掌握しているのはやはり潜水艦長である。さらに、開戦以来司令が乗る潜水艦の未帰還が相次いだ。半年の間に司令の乗っている潜水艦の戦没率が二〇パーセント、乗っていない潜水艦が五・八八パーセントだった。ここに司令無用論が勃発したのである。結局、戦争終結まで潜水隊司令は廃止されることなく個艦に乗り続けた。

ちなみに海上自衛隊には六個潜水隊が存在し、潜水隊司令が存在する。階級も日本海軍と同じで、海上自衛隊の潜水艦の艦長も二佐、司令は一佐である。ただし役割が明確になっている。海上自衛隊の潜水隊司令は、あくまで主の役割は艦への教育にある。経験の浅い艦長、竣工後まもない、あるいはドックからもどってきたばかりとか、乗員の大きな異動があった後であるとか、潜水艦そのものの練度を向上させるために司令は努力し、ときには潜水艦に乗り組むこともある。

ただし艦の責任者はあくまで艦長であるので、艦長の判断が危険であるようなとき以外は直接指揮命令することはない。それは居住区に如実に表われている。海上自衛隊の潜水艦には艦長室はあるが司令の個室はない。司令が艦に乗るときは副長と相部屋となる。打ち合わせや食事のときの士官室のテーブルも上座席（俗にいうお誕生日席）は艦長が座る。司令はおろか群司令、潜水艦隊司令官が同席しても、その席は上位者に譲ることはない。作戦命令も、潜水艦隊司令官が直接艦長に達することになる。よって潜水艦隊の指揮官会議は二佐である艦長が出席する。

水上艦であれば護衛艦の艦長は指揮官会議には出ることはない。司令以上の役割となる。そこまで徹底すれば、潜水艦の中で司令と艦長が錯綜することはないであろう。日本海軍も海上自衛隊も幹部の転勤は頻繁である。しかし有事となれば、また異なった人事体系が存在すると思うが、日本海軍の潜水艦長の交代時期は早かった。

57 急速潜航は潜水艦の命

日本海軍は大戦末期にシュノーケルの実用化にこぎつけたが、ごく一部の潜水艦で、多くの潜水艦が、浮上により空気の循環やディーゼルエンジンを起動させてバッテリーに充電する作業を行なわなければならなかった。したがって、まだレーダーの性能が高くない時点では、敵の水上艦や航空機に発見されることを恐れ、昼間は潜航し、夜間に浮上することにより換気や充電を行なっていた。

つまり水上航走が主で、敵の威力圏下あるいは敵を見つけたとき、あるいは見つけられたときに潜航することができる艦として、潜水艦というより可潜艦であった。よって、当時の潜水艦にとり、いかに急速に潜航し、船体を全没させることができるかが重要であり、一分一秒の差が艦の生死を分けた。

急速潜航に要する時間については、船体そのものが水中に没するまでの時間、つまり潜航性能と、艦橋にいる見張員などが司令塔に入りハッチを閉め潜航できる時間と両方ともに短く、かつタイミングをあわせて潜航作業に入らなくてはならなかった。

いくら艦橋の乗員がすばやく艦内に入っても、船体がなかなか海中に没しなくては攻撃を受けてしまう。また、乗員がもたもたしていたら、いくら潜水艦が早く潜航できる能力を持っていても、なかなかハッチが閉めることはできないし、万が一の場合、ハッチが閉まらず潜航してしまい浸水・沈没の危険もある。事実、ハッチの閉塞が間に合わず事故沈没したのではないかという例もある。

また逆に美談も生まれた。昭和十五年八月二十六日、連合艦隊の応用訓練中に伊豆諸島東方海面を南下しつつ警戒航行中であった伊五八潜に夜間異変が起きた。荒天のため、キングストン弁を閉め、油圧ポンプを停めて航行して数時間後に艦が一〇度ほど傾斜していることに気がついた。メインタンクに浸水があると判断し、油圧ポンプを起動し低圧排水をかけることでメインタンクの浸水を艦外に放出しようと試みた。

そしてキングストン弁を開いたところ艦がしだいに沈下し始め、急ぎ高圧ブローで沈下を抑えてなんとか姿勢が安定した。しかし艦が落ち着いたところで恐るべき事実がわかった。艦橋の信号員が一名、取り残されたのである。

しかし直前に突入した見張員の証言によれば、最後に艦内に入るべく成瀬正雄一等兵曹は、自分が艦内に入っては浸水により艦が沈没すると判断して、自ら艦外に残り外からハッチを閉めたのである。一身を犠牲にして艦の運命を救った行為は、潜水艦乗りの亀鑑として多くの人の胸にきざまれた。急速潜航や事故などでは、非常に紙一重のタイミングで潜水艦の性能や乗員の練度が試される厳しい状況であったのである。

当時の第一線の潜水艦では、全没の時間が一分を切ることが望ましいとされた。世界最大の潜水艦であった潜特型、伊四〇〇型は排水量が約三五〇〇トンありながら、全没までの時間が五〇秒と、潜航性能が優れていた丙型とかわりがなかった。潜特型が単に大きくて、航空機が複数搭載できるだけの能力ではない非凡な潜水艦であったことが、潜航性能からも知ることができる。

もう一つ死命を制するのが急速潜航能力である。これは「潜航急げ」の号令から「ベント開け」までの時間をいかに短縮するかにある。艦橋には常時、少なくとも五名ないし六名は配置についている。かれらが順番をきめ艦内にまさしく突入して、ハッチを閉鎖するのである。実戦で通用するには一〇秒は切らないと生き残れない。

長期にわたり、第一線の作戦に従事した潜水艦が続々と未帰還になるなか、熾烈な回天戦に生き残った大型の潜水艦が四隻あった。その中の一隻である伊五三潜は、航海長が熱血で、一〇秒ではだめで八秒を切らなくては生還不可能と、乗員に激しい訓練を課した。それは、艦橋ハッチから突入して、発令所に飛び降り、士官室を通り、前部兵員室からラッタルを登り、前部ハッチから甲板に出て、再び甲板から艦橋に駆け上がり、再び司令塔に突入するという訓練を繰り返し行なったのである。

さすがにこの厳しい訓練には不満が出たが、劣性極まる潜水艦作戦で、生き残る手段はこれしかなかった。しかし、その懸命な訓練の賜物として、八秒を絶対切ることは不可能とされていたが、なんと伊五三潜は平均突入タイムが六秒九と脅威の記録をマークしたのである。その結果がすべてではないと思われるが、伊五三潜は戦後まで生き残った。これは、回天戦など過酷な第一線を戦い抜いた潜水艦のうち、終戦まで健在だった潜水艦の数少ない一隻となったのである。

潜水艦乗員の練度を表わす急速潜航であるが、現代の潜水艦ではどうであろうか。じつは、海上自衛隊の潜水艦に関しては、急速潜航は行なわない。行なう必要がないのは、海上自衛隊の潜水艦は横須賀、呉の港を出港し、横須賀から館山沖や、呉なら土佐沖までは浮上航行しているが、一度潜航すれば、行動が終わり再び母港に帰るまではまず浮上はしない。原子力機関ではないので、シュノーケルを海面に上げてディーゼル機関を運転することにより換気や充電を行なう。潜望鏡やシュノーケルを上げることはあっても、船体を浮上させることはない。今日の潜水艦は通常型であっても、潜航していることが日常であり、緊急事態か母港に帰るとき以外に浮上することはない。したがって、敵を発見したからといって急速潜航する必要がないのである。

58 潜水艦の操艦号令

潜水艦で使用される操艦号令は、当然のことながら海中で潜航浮上する三次元の動きとなるため独特なものが多い。日本海軍の潜水艦には、潜水艦長を補佐する副長という役職はなく、艦長以下の士官の最も先任者が副長の役割を果たした。戦争末期の人材が枯渇した時期を例外として、通常水雷長が先任者となるよう配置され先任将校と呼んだ。別名潜航指揮官である。

出入港、狭水道通過などは潜水艦長が操艦するが、それ以外は当直士官がその任にあたり、敵艦襲撃の際には潜水艦長が司令塔で魚雷発射などの指揮を執り、操艦に関しては先任将校が発令所で指揮を執った。具体的な操艦号令については、潜航、浮上、魚雷発射を紹介する。

潜航においては、とくに敵を発見あるいは発見されたとき、急速潜航を行なう。哨戒長が「両舷停止、潜航急げ」の号令とともに、けたたましくアラームが鳴り、急速潜航部署が発動される。艦橋にいる哨戒長以下、伊号潜水艦なら七名前後の見張員はハッチから艦内に突入し、発令所経由で各潜航部署につく。

艦橋ハッチを内側から閉め、「ハッチ良し」と報告する。発令所当直員は、速力通信器で電動機の両舷強速を指示し、潜舵を操作できる位置に出す。艦橋から降りてきた見張員と協力してネガティブタンクに注水し、ベント弁を開くのである。哨戒長は艦外に通じる各弁の閉鎖をランプで確認して、「ベント開け」で潜航するのである。

発令所では潜舵、横舵、油圧を操作し、注排水、移水、空気なども操作して艦をコントロールするのである。機関科では主機械を停止し、排気弁を閉鎖、また機械を冷却していた海水の弁も閉鎖する。また機械・電動機間のクラッチを切り、推進器は電動機のみで回転させるのである。

襲撃は「戦闘、魚雷戦」の号令で艦内の空気は一変する。潜水艦乗りの繰り返される過酷な任務は、この時のためである。「発射管注水」の命令で発射管の中にタンクから注水される。これは発射直前まで魚雷を水漬けにしない配慮である。

浮上の際は、哨戒長から「深さ三五　精密聴音」と号令が飛び、艦長が「もらうぞ」と艦長操艦になるのを受けて、「深さ一九、アップ三度」「二番潜望鏡（夜間用）上げ」で浮上に備えて周囲を監視する。同時に航海長も一番潜望鏡で確認を怠らない。「浮き上がれ　メインタンクブロー」で艦は浮上し「艦橋ハッチ開け」で新鮮な空気が艦内に行きわたるのである。

59　潜水艦の食事

今日のように冷凍食品なるものもなく、保存に優れた冷蔵庫が高性能ではない時代、潜水艦の糧食に関しては極めて難しい問題が山積されていた。まず、そもそも潜水艦に冷却機はあっても、弾薬庫を冷やすのが精一杯で、生糧品の保存は二の次であり、まして居住区を冷やすことは不可能だった。よって南方になればなるほど艦内環境は劣悪で、乗員の食欲を減退させ体力をいちじるしく損ねた。私たちも夏場に湿度がいかに体力に影響するかを思えば容易に想像がつく。

乗員の士気や健康状態は一日三食の食べる量がひとつのバロメーターになる。航海が長期化すると乗員の食欲が減退し、調理した食事の三割は残飯になることから、あらかじめ七割の量で調理したところ、そこからまた三割が残飯になったので元に量をもどしたという逸話がある。

少しでも食欲を増長させるメニューや味を求めなくてはならないが、潜水艦の艦内は非常に制約があり作られる料理に限界があった。日本人、とくに当時の人にとって米は元気の源であり米さえ美味しければ何とかなった。ところが炊飯にも困難があった。水上艦ではライス・ボイラーで蒸気を使って飯を炊く。しかし潜水艦では蒸気の出ない電気釜を使っていた。よって日中は潜航していて電気釜を使用できないので日の出前に潜航に入る時間に一日三食分の飯を炊いた。

一度に炊いた飯を三度に分け缶詰と一緒に食べれば熱と蒸気は最小限に留まるのである。生鮮食料品はさらに困難で、葉菜類は冷蔵庫が狭いので二、三日でなくなった。玉ねぎ、じゃがいも、にんじん、ごぼうなどの根菜類はいくぶん日持ちするものの、高温多湿の潜水艦ではすぐに駄目になった。結局、最終的には缶詰と乾物だけになり余計に食欲を減退させるのである。

その中で比較的乗員に好まれたものとしては、切り干し大根を酢で調理したもの、赤飯や稲荷ずしの缶詰、魚類の缶詰で調理されるより、自分が好む醤油や酢醤油で食べる方が好まれた。例えば少しでも上等のものと鰻のかば焼きの缶詰などを提供すると、意外と不評で、理由は歯ごたえがなく柔らかい舌感が苦手だったらしい。赤飯も自然の色の淡い赤色より、人工的に赤くした赤飯が好まれた。うす暗い艦内だと、淡い色の赤飯はどす黒くも見えて食欲が損なわれるらしい。

いずれにしても缶詰めは金属の味が鼻につき、長期にわたると閉口したらしい。また粉末の味噌汁なども最初の頃は良いものの、時間が経過するとカビが生えて、知らずに湯に溶かすとカビ臭くて飲めなかった。

水は浮上航行中のディーゼルの排気で海水を熱して生成することができた。多少塩辛く、美味いものではなかったそうであるが、洗面や歯磨きには支障のない量ではあったが、乗員がシャワーで使用するには至らず入港まではアルコールで浸した布で身体を拭く程度であった。

ドイツから譲渡されたUボートがロリアン港から喜望峰を回ってペナンに着いた際、乗員が日本人の潜水艦乗りに比べて元気だったことから、食糧にその差があると考え調査したところバターとマヨネーズに元気の源があると分析した。さっそく日本の潜水艦にも試行したところ、バターをパンに付けて食べる習慣がないのでこれを嫌ったため、バターライスにして提供したところ乗員皆が下痢に苦しんだり、マヨネーズを嫌い、中身を捨てて容器に歯磨き粉を詰め替えたりしてしまったそうである。

飲料水はサイダー、ビール、日本酒が搭載されており、とくにサイダーは当直が終わると自由に飲めたらしい。酒類は特別な場合で、ビールなどは艦橋の見張りで一番先に飛行機を発見すると、褒美として一本与えられたというような戦局にまだ余裕のある時期の逸話として残っている。副食類としてビタミン類や肝油を糖衣錠になったものがあったが、乗員が周りの糖衣の部分だけを食べて、中身は捨てていたらしい。潜航時増加食と称していたもので口中清涼食なるのがあったが、今でいうチューインガムで虫歯予防の効果があったらしい。

その他、軍歌に出る青いバナナを艦内に吊るし、黄色になる食べごろになる頃合いに食したという話は本当らしい。ある乗員が自分で吊るしておいたバナナがしだいに黄色になり、そろそろ食べ頃と楽しみにしていたら当直の間に何者かに食されて悔しい思いをしたと聞いたことがある。

しかしバナナはやはり貴重で果物はやはり缶詰で、パイナップルの缶詰は誰にでも好まれ、長期行動中、疲労困憊して食欲がまったくないとき、パイナップルの缶詰めで飢えを凌いだとある。しかし潜水艦の糧食は、このような決して満足のいくものではなかったが、水上艦と大きく異なるのは士官も下士官兵も同じものを食べたことである。現在の海上自衛隊では当たり前であっても、日本海軍では士官は食費は自前であったことから、下士官兵とは異なる物を食べていた時代の中で異例で、これがかえって乗員の一体感と結束を生んだとされる一因となっていたと回想する乗員は多い。

機材篇

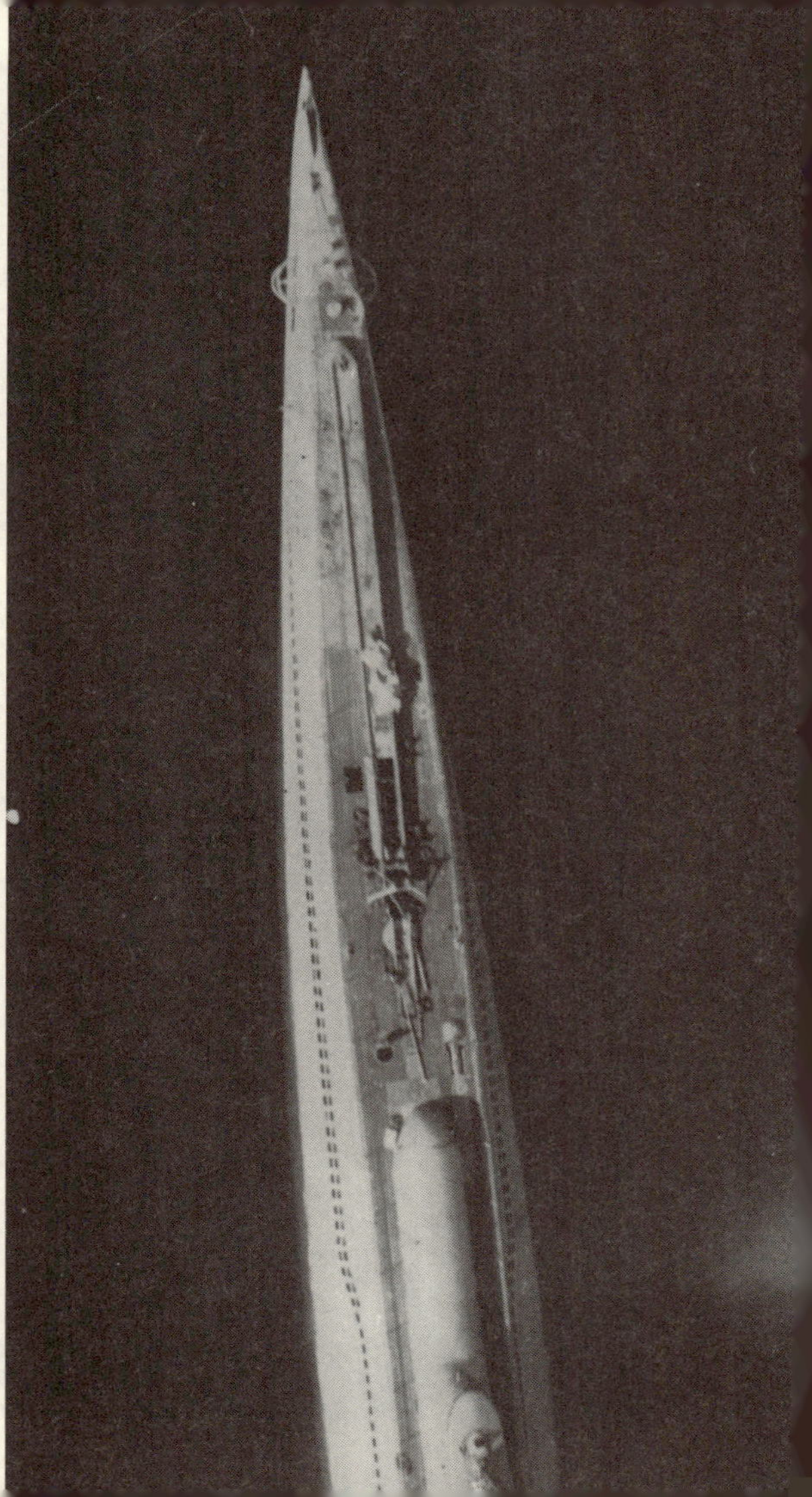

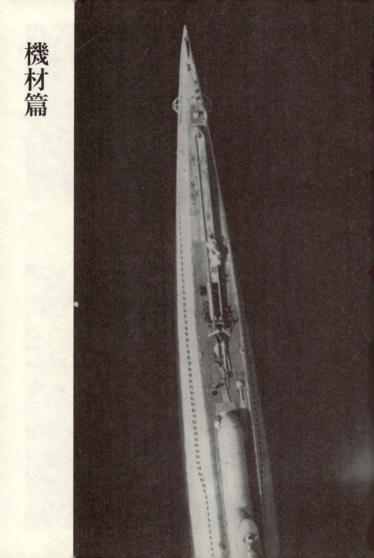

L四型・呂六四潜／海中六型・呂三三潜／巡潜一型・伊一潜

巡潜二型・伊六潜／巡潜三型・伊八潜／海大一型・伊五一潜

海大二型・伊五二潜／海大三型a・伊五三潜／海大三型b・伊五七潜

海大四型・伊六一潜／海大五型・伊六五潜／海大六型a・伊六八潜

海大六型b・伊七五潜／海大七型・伊一七六潜／機潜型・伊二一潜

甲型・伊一〇潜／甲型改二・伊一四潜／乙型・伊一五潜

乙型改一・伊四四潜／乙型改二・伊五四潜／丙型・伊一八潜

丙型改・伊五三潜／丁型・伊三六一潜／潜補型・伊三五二潜

潜特型・伊四〇〇潜／中型・呂五〇潜／小型・呂一〇九潜

潜輸小型・左より波一〇一、一〇二、一〇四潜／譲渡潜水艦・呂五〇〇潜／甲標的丙型

丁型・蛟龍／回天一型／潜水母艦「韓崎」

潜水母艦「豊橋」／潜水母艦「駒橋」／潜水母艦「迅鯨」

潜水母艦「大鯨」／潜水母艦「剣崎」／特設潜水母艦「筑紫丸」

試作水中高速潜水艦七一号艦／潜高型・伊二〇二潜／潜高小型・波二〇二潜

九六式小型水上偵察機／零式小型水上偵察機／晴嵐

60　L四型

L四型タイプシップである呂六〇潜だけが大正七年度計画で建造され、二番艦以降は大正十二年度計画で建造された。同型艦は九隻ですべて三菱神戸造船所で建造された。本級はこれまでのL型が舵のききが悪く、艦尾が短く軽いため推進器が浮き上がるなどの操縦において欠点があったものに対し改良を加えた。英国海軍のL50型も同様の改良が施されていることから日英とも認識されている欠点と思われる。

これらの改良により運動性が格段に向上され、また魚雷発射管も艦首六門、搭載数も一二本と攻撃力が増大し、総合的に極めて優秀な潜水艦として艦隊の信頼が厚かった。よって海大型や巡潜型の大型潜水艦が続々竣工するなかでも使われ続け、太平洋戦争前半においても第一線で活躍した。しかし機関出力の低さは否めず、太平洋戦争後半には鎮守府の所属や練習潜水艦として活躍した。

呂号第六〇潜水艦　大正十二年九月十七日竣工、三菱神戸造船所。昭和十六年十二月二十九日、クェゼリン環礁外北端で座礁破壊。

呂号第六一潜水艦　大正十三年二月十九日竣工、三菱神戸造船所。昭和十七年九月一日、アトカ島ナザン湾付近で座礁沈没。

呂号第六二潜水艦　大正十三年七月二十四日竣工、三菱神戸造船所。元の艦名は第七三潜水艦。昭和二十一年五月、伊予灘で海没処分。

呂号第六三潜水艦　大正十三年十二月二十日竣工、三菱神戸造船所。元の艦名は第八四潜水艦。昭和二十一年五月、伊予灘で海没処分。

呂号第六四潜水艦　大正十四年四月三十日竣工、三菱神戸造船所。元の艦名は第七九潜水艦。昭和二十年四月十二日、広島湾にて触雷により沈没。

呂号第六五潜水艦　大正十五年六月三十日竣工、三菱神戸造船所。昭和十七年十一月四日、キスカ湾内で空襲沈座による事故沈没。

呂号第六六潜水艦　昭和二年七月二十八日竣工、三菱神戸造船所。昭和十六年十二月十七日、ウェーク島で呂六二潜と衝突沈没。

呂号第六七潜水艦　大正十五年十二月十五日竣工、三菱神戸造船所。昭和二十年十一月三十日、除籍。終戦後、佐世保で桟橋として使用。

呂号第六八潜水艦　大正十四年十月二十九日竣工、三菱神戸造船所。昭和二十年十一月三十日、除籍。昭和二十一年四月三十日、若狭湾で海没処分。

61　海中六型

海中六型は、大正七年度計画より建造が途切れていた呂号潜水艦で、昭和六年度の第一次補充計画、㈠計画で建造された中型の潜水艦である。日本海軍の潜水艦建造において昭和期に入り、一〇〇〇トン以上の大型伊号潜水艦の建造・整備に注力するあまり、中型である呂号潜水艦の建造は中断していた。本型は前型の海中五型以来、実に一二年ぶりの建造となった。

復活の理由は軍縮条約により潜水艦の保有量の制限を設けられたため、小型で数量の確保できる中型潜水艦の整備を再開した。また昭和六年の計画で戦時急造できる量産型プロトタイプとして計画されたので海大型の不足をおぎなう目的でもあった。よって、艦隊随伴能力を有するため水上高速性能、凌波性の向上を重視して設計された。量産型の試作艦として完成したが、操縦性能、凌波性に優れ他の性能も良好なため乗員の好評を博した。

機関は艦本式二一号八型ディーゼルを搭載し、水上速力も一九ノットと海大型に遜色のない速力を有した。魚雷発射管は四門で魚雷積載数は一〇本だった。安全潜航深度も七五メートル、単装高角砲と機銃も装備し、伊号潜水艦にひけを取らない装備を有した。また艦本式二一号ディーゼルの信頼性もあり、就役後も含めて総じて乗員に評判に良いタイプとなったが、惜しむらくも同型艦は二隻と少なかったが後の中型に継承されていく。

一番艦呂三三潜は、昭和十年十月に呉工廠で竣工した。二番艦の呂三四潜は昭和十二年五月に三菱神戸造船所で竣工した。太平洋戦争開戦時には二隻とも第二十一潜水隊に所属し、シンガポール攻略作戦、ジャワ攻略作戦などに協力した。その後はラバウルを中心にポートモレスビー攻略作戦に参加し、呂三三潜はイギリス商船やオーストラリア商船を撃沈するなど戦果を挙げたが、昭和十七年八月にポートモレスビー沖にてイギリス航空機の爆撃を受け沈没した。

呂三四潜はその後も活躍を続け、ガ島作戦に参加。その後もラバウル、トラックを拠点に輸送作戦に従事し、一旦内地に帰港後再びラバウルに進出。「い」号作戦に従事するも昭和十八年四月にルッセル島付近で米駆逐艦の攻撃により沈没した。

呂号第三三潜水艦　昭和十年十月七日竣工、呉工廠。昭和十七年八月二十九日、ポートモレスビー沖で米駆逐艦の攻撃を受け沈没。

呂号第三四潜水艦　昭和十二年五月三十一日竣工、三菱神戸造船所。昭和十八年四月五日、ルッセル島付近で米駆逐艦の攻撃を受け沈没。

62　巡潜一型

巡潜型は大正十二年度艦艇補充計画で建造された、日本海軍で初めての遠洋作戦に使用できる潜水艦である。この補充計画では、ワシントン軍縮条約の結果、主力艦の建造を中止せざるを得なかったため、補助艦艇の整備を新しく見直したものである。

巡潜とは、巡洋潜水艦の略で、遠洋に行動し、敵国沿岸及び敵艦船に対し作戦行動する任務のため建造された艦種で、長期間行動できる航続力、居住性を重視された。巡潜一型の原型はドイツ、クルップ・ゲルマニア社で建造されたUボート、U142で、その設計図を買収し、川崎造船所で建造された。

川崎造船所はゲルマニア社、ウェザー社から技術者一〇名を招聘し、海軍も当時潜水艦設計の第一人者テッヘル博士を日本に招いた。巡潜一型は魚雷発射管と備砲の口径を日本の制式に変更した以外は、原型の設計を踏襲した。すなわち、五〇センチ魚雷発射管を五三センチ発射管に変更、一五センチ砲を一四センチ砲に変更した以外は、オリジナルの設計をそのまま採用したため、その艦容はドイツ潜水艦に酷似している。

機関はラウシェンバッハ式二号ディーゼル二基を搭載し、水上六〇〇〇馬力、水上速力一八・八ノット、一〇ノットで二万四〇〇〇浬の長大な航続力がある。これは米西海岸まで往復しても余りある航続距離であり、アメリカ海軍の渡洋作戦に大きな影響を与えた。主砲は四〇口径一四センチ単装砲二基を装備し、当時のいずれの潜水艦よりも強大であった。内殻、司令塔に被弾に対する防御を有していた。

同型艦五隻のうち伊一潜、伊二潜、伊三潜は大正十五年に竣工したが、伊四潜は昭和四年に竣工とやや遅れている。伊四潜は先の三隻に対して、内殻の長さを一メートル延長し冷却機を装備しており、主機は国内でライセンス生産したものを搭載した。最終番艦の伊五潜は、昭和二年の予算で建造され、竣工が昭和七年と遅くなった。本艦は後部に水上偵察機を一機装備し、日本海軍における射出機装備の最初の艦となったので、巡潜一型改ともいわれている。

伊号第一潜水艦　大正十五年三月十日竣工、川崎造船所。昭和十八年一月二十九日、ガダルカナル島カミンボ沖にて爆雷攻撃を受け浮上砲戦、擱座放棄。

伊号第二潜水艦　大正十五年七月二十四日竣工、川崎造船所。昭和十九年四月七日、ニューハノーバー島西方で米駆逐艦の爆雷攻撃を受け沈没。

伊号第三潜水艦　大正十五年十一月三十日竣工、川崎造船所。昭和十七年十二月九日、ガ島エスペランス岬で魚雷艇の攻撃を受け沈没。

伊号第四潜水艦　昭和四年十二月二十四日竣工、川崎造船所。昭和十七年十二月二十一日、

ニューブリテン島セントジョージ海峡南口で米潜の攻撃を受け沈没。

巡潜一型改

第二次世界大戦において潜水艦に飛行機を搭載して作戦を行なったのは、日本海軍だけであった。日本海軍の重要な潜水艦作戦に決戦場まで一隻でも米艦隊を減すべく、漸減作戦が立案されたが、その重要に偵察任務を担うのが潜水艦搭載の航空機だった。

昭和二年には早くも潜水艦に航空機の搭載が検討され、昭和二年度計画の巡潜一型最終番艦、伊五潜の後部甲板に左右舷二基の耐圧格納筒、起倒式デリックを装備して建造された。竣工時には射出機が装備されていなかったが、翌年五月に射出機を装備、初めての航空機搭載型潜水艦となった。以上のことから先の巡潜一型の四隻と主要性能は変わらないため正式ではないが、巡潜一型改と区別されることがある。

伊号第五潜水艦　昭和七年七月三十一日竣工、川崎造船所。昭和十九年七月十九日、サイパン島東方で米駆逐艦のヘッジホッグを受け沈没。

63 巡潜二型

巡潜二型は昭和六年の第一次補充計画、通称㊀計画で一隻のみ建造された。巡潜一型との大きな違いは、機関が巡潜一型のラウシェンバッハ式に対して、艦本式一号甲七型ディーゼルを装備し、水中抵抗の少ない艦形にしたことにより水上速力が二一ノットと向上した。新造時から飛行機の射出機、呉一号三型射出機を装備した最初の潜水艦となった。魚雷発射管や備砲は同じである。その他には安全潜航深度を増大する点が主な改良点である。

伊号第六潜水艦　昭和十年五月十五日竣工、川崎造船所。昭和十九年六月三十日、サイパン島に出動中に消息不明。

64　巡潜三型

昭和九年の第二次補充計画、㈡計画で巡潜二隻の建造予算が成立して建造されたのが、巡潜三型である。これまでの巡潜型がドイツのゲルマニア型の影響を受けていたのに対し、日本海軍独自の性能を有した点が異なる。

具体的には後の甲型の母体ともいうべき、潜水戦隊旗艦能力を有する、通信能力や司令官室、幕僚室、作戦室などの居住区を拡大強化した。巡潜二型よりさらに高出力な艦本式一号甲一〇型ディーゼルを装備し、一万一二〇〇馬力、水上速力二三ノットを達成した。航空艤装は巡潜二型と同様だが、新型の射出機、呉式一号三型改を装備し、艦尾の魚雷発射管を廃止、艦首六門のみとした。また備砲は、日本海軍潜水艦としては唯一、一四センチ連装砲を装備した。連装砲を装備した潜水艦というのはあまり他に例がなく、日本海軍では本型だけである。また安全潜航深度も一〇〇メートルに強化された。

伊号第七潜水艦　昭和十二年三月三十一日竣工、呉工廠（船体は川崎造船所）。昭和十八年六月二十二日　キスカ島で米駆逐艦のレーダー射撃を受け被弾・擱座、爆破処分。

伊号第八潜水艦　昭和十三年十二月五日竣工、川崎造船所。昭和二十年三月三十一日、沖縄方面で米駆逐艦の爆雷攻撃により沈没。

65　海大一型

大正五年以降、日本海軍は艦隊随伴用大型潜水艦の開発研究を進めてきたが、大正七年度の計画で二隻の大型潜水艦の建造が決定された。それが後の海大一型伊五一潜、海大二型伊五二潜である。

海大一型である伊五一潜は、艦隊随伴高速潜水艦必要性能として、大正十三年六月二十日、呉工廠で建造され竣工している。当初は第四四潜水艦と称し、同年十一月に伊五一と改名している。

特長は水上速力二〇ノットが要望されたが、そのためには三〇〇〇〇馬力の機関を二基、計六〇〇〇馬力の機関が必要だった。しかし当時は単基三〇〇〇馬力の機関は存在しておらず、希望する機関の開発はスイスのズルザー社で進められてはいたが、まだ相当の期間を要するということから同社の二号ディーゼル機関が単基一三〇〇馬力だったため、機関四基を搭載するという他国の潜水艦でも類例を見ない四軸艦となった。

したがって船体も後の伊四〇〇型が採用した内筒を眼鏡のようにかつそれを三つ並べた多殻式船体を採用したが設計は困難を極めた。ただし船体の基本設計においては英国式を参考にしたといわれる。日本海軍の宿願ともいうべき、大型艦隊随判型の潜水艦開発に着手した、いわば実験艦の要素があるものの兵装については様々な面において強化されていた。

魚雷発射管は前部に六門、艦尾に二門と計八門は強力で、搭載魚雷本数は二四本を有した。これは当時の日本海軍の潜水艦でも最強であり、世界水準からみても強大である。主砲も一二センチ砲が一門装備されている。肝心の水上速度は複雑な船型や六度におよんだ機関の設計変更が物語るように、安定性・全力発揮がままならず二〇ノットを大きく下回る一八・四ノットに留まっている。

しかしながら大型の船体の利点である燃料搭載量は増大し、航続距離が水上一〇ノットで二万浬とこれまでの潜水艦の航続距離を大幅に伸延するものとなった。建造は呉工廠で進められたが起工が大正十年四月となり、進水が同年十一月と非常に順調に船体建造が進捗したことを物語っており、実験艦の建造としては驚異的な進捗といってよい。

しかし、その後の艤装工事には長い期間が必要となり竣工は大正十三年六月である。その間、約二年半は実験艦ゆえの建造困難での遅延なのか、軍縮条約の影響を受けたのかは判然としない。それでも日本海軍としての初の大型潜水艦、伊号潜水艦の登場は内外の注目を集めた。

竣工後は、翌年の大正十四年に竣工した海大二型の伊五二潜と第十七潜水隊を編成し艦隊に配備されていたが、機関が全力運転できないなど使用実績が思わしくなく、早くも竣工五年後には艦隊から除かれている。

その後は実験潜水艦の役割を担い、昭和六年には機関二基、推進二軸を取り外し、円筒形の水上機格納筒を装備、横廠式二号水上機を搭載し、わが国初の潜水艦による水上機の発着試験を行なった。昭和八年には呉式一号二型射出機を後甲板に試験装備、水上機発進の試験を行ない潜水艦における航空機運用の初の実験艦として寄与した。

伊五一潜は決して成功とはいえなかったが、実験艦として様々な技術的課題を残した、日本海軍大型潜水艦の嚆矢といえよう。昭和十五年四月一日除籍、廃潜水艦三号と仮称された。

伊号第五二潜水艦　大正十三年六月二十日竣工、呉工廠。昭和十五年四月一日、除籍。

66 海大二型

海大二型は、一型で搭載を断念したスイスで製造された潜水艦用三四〇〇馬力のズルザー式三号ディーゼルを早々に採用し、本機関二基搭載二軸推進六〇〇〇馬力、水上速力二二ノットを図った最初の大型潜水艦である。

海大一型を踏まえて設計され、いくつかの改良点がある。まずは海大一型の二万浬の航続距離を半減させ、魚雷搭載量を二四本から一六本に減じ、水上速力の高速化に主眼を置かれた。その他にも船体を水上航行時に凌波性を高めた形状とし、潜航時間を短縮するためキングストン弁の大型化、操舵動力を油圧式から電動式に改めるなど、より速度や運動性能を高め、実戦に即した性能が考慮されている。その他、電池の改良、充電効率を高める補助発電機の増設など、あわせて実戦対応への改良が施されている。

しかし肝心の機関が試作段階で採用したため故障が続発し、全力連続運転が困難で、軽荷状態で二一・五ノットと当時世界最速記録をマークしたが、実用最大速度は二〇ノットを下回り一九・五ノットに留まった。以上のことから海大二型においても様々な技術的課題を残し実験艦の域を出なかった。

同型艦は建造されず伊五二潜のみで、呉工廠にて大正十四年五月二十日竣工、海大一型の伊五一潜とともに第十七潜水隊を編成し、艦隊随伴型潜水艦として活躍を期待されたが、前述したように両艦とも実用性に難が認められ、早くも昭和三年には呉防備戦隊に編入、第一線を退いている。以後機関学校や潜水学校の係留された状態で練習潜水艦として活用され、昭和十七年八月一日に除籍され、廃潜艦として終戦時まで残存していたが戦後解体された。昭和十七年五月二十日には伊号第一五二潜水艦と改名しているが、太平洋戦争では実戦には参加していない。

伊号第五二潜水艦　大正十四年五月二十日竣工、呉工廠。昭和十七年五月、伊一五二潜に改名。昭和十七年八月一日、除籍。

67 海大三型a

海大二型をベースに、ドイツ潜水艦技術を取り入れたさらなる高性能の大型潜水艦を建造することになった海軍は、艦首形状において独潜水艦を参考にさらに凌波性の高い形状とし、海大二型で不安定だったズルザー式にラウシェンバッハ式ディーゼルの特長を取り入れ改良された機関が搭載され建造されたのが海大三型aで四隻建造されている。

負浮力タンクの新設やメインタンクの細分化を実現し、内殻の強化により安全潜航深度の増大、乗員脱出用のダイバーズロックの採用など、海大二型より多くの改良点が見られた。しかし機関の不調はその後までなかなか解消されなかったが、機関以外は概ね全般的に良好な潜水艦として艦齢延長工事を受けて全艦太平洋戦争に従事している。

しかしながら大戦後半第一線潜水艦として老朽化が目立ち、防備戦隊や練習潜水艦として使われ、全艦終戦時まで残存した。

伊号第五三潜水艦　昭和二年三月三十日竣工、呉工廠。昭和十七年五月、伊一五三潜に改名。終戦時残存。昭和二十三年、解体。

伊号第五四潜水艦　昭和二年十二月十五日竣工、佐世保工廠。昭和十七年五月、伊一五四潜に改名。終戦時残存。昭和二十一年五月、伊予灘で海没処分。

伊号第五五潜水艦　昭和二年九月五日竣工、呉工廠。昭和十七年五月、伊一五五潜に改名。終戦時残存。昭和二十一年五月、伊予灘で海没処分。

伊号第五八潜水艦　昭和三年三月十五日竣工、横須賀工廠。昭和十七年五月、伊一五八潜に改名。終戦時残存。昭和二十一年四月、五島沖で海没処分。

68 海大三型b

海大三型bはさらに凌波性の向上を図るため、艦首の形状を改め、補助発電機室や倉庫の区画配置を変更しただけで、基本性能はほとんど変化をしていないが、設計の寸法規格が英国式のフィート・インチ法からメートル法に変更されたことにより型式を異なって扱うことになり、従来の海大三型をaとし、五隻が建造された本型をbとして区別した。
しかしながら国産化に成功したズルザー式機関の不調は変わらず、昭和九年以降、機関の改良や航続距離の伸延などが図られたが、伊六三潜が不幸な事故により失われ四隻で太平洋戦争を迎えた。戦時中伊六〇潜が戦没し、残る三隻は昭和十七年七月以降第一線を離れ、潜水学校の練習艦として使われていたが、戦争末期、回天の輸送や回天戦の母潜として再度活躍の場があたえられた。

伊号第五六潜水艦　昭和四年三月三十一日竣工、呉工廠。昭和十七年五月、伊一五六潜に改名。終戦時残存。昭和二十一年四月、五島沖で海没処分。

伊号第五七潜水艦　昭和四年十二月二十四日竣工、呉工廠。昭和十七年五月、伊一五七潜に改名。終戦時残存。昭和二十一年四月、五島沖で海没処分。

伊号第五九潜水艦　昭和五年三月三十一日竣工、横須賀工廠。昭和十七年五月二十日、伊一五九潜に改名。終戦時残存。昭和二十一年四月、五島沖で海没処分。

伊号第六〇潜水艦　昭和四年十二月二十四日竣工、佐世保工廠。昭和十七年一月十七日、スンダ海峡で英駆逐艦の攻撃を受け沈没。

伊号第六三潜水艦　昭和三年十二月二十日竣工、佐世保工廠。昭和十四年二月二日、豊後水道で伊六〇潜に衝突され沈没。

69 海大四型

海大四型は海大三型と同じく、大正十二年度計画で建造された。三型との相違点は、三型がズルザー式ディーゼルであるのに対し、四型はドイツ、マン社のラウシェンバッハ式ディーゼルを採用している点が大きく異なる。三型のズ式エンジンは故障が多く、様々な改良を要したのに対し、ラ式の機関は完成度が高く、ほとんど改良の必要がなかった。また巡潜型での実用を通して、信頼性が大であったので機関を変更したと思われる。

艦首魚雷発射管が六門から四門に減じているが、これは発射管の形状を円形にして耐圧強度向上を図ったためである。

同型艦は三隻で一番艦伊六一潜は昭和四年四月六日に三菱神戸造船所で竣工している。続く二番艦伊六二潜も、同じく三菱で昭和五年四月二十四日に竣工している。三番艦の伊六四だけが呉工廠で建造され昭和五年八月三十日に竣工している。本型の艦隊就役後の評価は高く、実績は良好だった。しかしながら伊六一潜は開戦直前の昭和十六年十月二日、壱岐水道で特設砲艦「木曾丸」と衝突して事故沈没している。

太平洋戦争には残った二隻が参加、伊六二潜は伊一六二潜に改名して終戦まで残存したが、伊六四潜は昭和十七年五月十七日に足摺岬南南東沖合で米潜の襲撃を受け沈没している。

伊号第六一潜水艦　昭和四年四月六日竣工、三菱神戸造船所。昭和十六年十月二日、壱岐水道烏帽子島灯台南西で木曾丸と衝突沈没。

伊号第六二潜水艦　昭和五年四月二十四日竣工、三菱神戸造船所。昭和十七年五月二十日、伊一六二潜と改名。終戦時残存。昭和二十一年四月、五島沖で海没処分。

伊号第六四潜水艦　昭和五年八月三十日竣工、呉工廠。昭和十七年五月二十日、伊一六四潜に改名。昭和十七年五月十七日、足摺岬南東で米潜の攻撃を受け沈没。

70 海大五型

昭和二年度計画で潜水艦はわずか四隻しか予算成立せず、そのうち三隻が海大型で、これが海大五型の三隻である。四型との大きな違いは、機関を再びラウシェンバッハ式二号からズルザー式三号ディーゼルにもどしたことである。

ズルザー式のトラブルを解消するため改良を重ね、ついには原型を留めないほど改良が加えられたという。その結果、機関の信頼性が回復されたためと思われ、これが後の海大六型の機関国産化につながる。

また兵装も大きく変更され、魚雷兵装において発射管数は変わらないが、八八式無気泡発射管を採用した。備砲も海大型としては初めての高角砲を装備した。この他、内殻構造の肉厚を増して安全潜航深度の増大をはかり、熱帯地域での作戦を想定し、冷却機の装備などの艦内配置や装備についても改良された。

同型艦は三隻建造され、一番艦伊六五潜は昭和七年十二月一日に呉工廠で竣工した。続く二番艦伊六六潜は同じく昭和七年十一月十日に佐世保工廠で竣工。三番艦伊六七潜は、やはり昭和七年八月八日、三菱神戸造船所で竣工している。

三隻のうち伊六七潜が昭和十五年八月二十九日、南鳥島沖で訓練中に事故のため沈没している。残る二隻は太平洋戦争に参加し、伊六五潜は伊一六五潜に改名し、長期にわたり善戦したが、昭和二十年六月十五日に回天戦轟隊を搭載して、マリアナ方面に出撃して戦没している。伊六六潜は伊一六六潜と改名してオランダ潜水艦を撃沈するなど戦果を挙げたが、昭和十九年七月十七日にマラッカ海峡で英潜水艦の襲撃を受け沈没している。

伊号第六五潜水艦　昭和七年十二月一日竣工、呉工廠。昭和十七年五月二十日、伊一六五潜に改名。昭和二十年六月二十七日、サイパン東方で沈没。

伊号第六六潜水艦　昭和七年十一月十日竣工、佐世保工廠。昭和十七年五月二十日、伊一六六潜に改名。昭和十九年七月十七日、マラッカ海峡で沈没。

伊号第六七潜水艦　昭和七年八月八日竣工、三菱神戸造船所。昭和十五年八月二十九日、南鳥島沖で訓練中事故沈没。

71 海大六型a

海大六型aは、昭和五年の㊀計画、正式には第一次海軍軍備補充計画で九隻の建造が要求され、そのうち六隻が海大型である。この六隻が海大六型aとして昭和九年七月から昭和十二年一月までに竣工した。

六型において特筆すべき点は、機関に艦本式一号甲八型ディーゼルを搭載したことで、これまでのラ式やズ式に対して一・五倍近い出力が発揮でき、その性能は待望の水上速力二三ノットを記録した。機関の国産化は明治以来の長年の宿願であり、潜水艦建造の自立を意味した。

初めて潜水艦を保有したホランド型からわずか一六年での自立である。さらに燃料搭載が五型より約一一〇トン増加したことにより、航続距離が一〇ノット一万四〇〇〇浬にも延伸した。兵装は五型と変わらず八八式無気泡発射管を艦首に四門、艦尾に二門を装備した。備砲も五型と同様一〇センチ単装高角砲が配置されていた。

伊号第六八潜水艦　昭和九年七月三十一日竣工、呉工廠。昭和十七年五月二十日、伊一六

八潜と改名。昭和十八年七月二十七日、ニューハノーバー沖で沈没。

伊号第六九潜水艦　昭和十年九月二十八日竣工、三菱神戸造船所。昭和十七年五月二十日、伊一六九潜と改名。昭和十九年四月四日、トラック島で空襲沈座中、事故沈没。

伊号第七〇潜水艦　昭和十年十一月九日竣工、佐世保工廠。昭和十六年十二月十日、ハワイ諸島で米艦載機の攻撃を受け沈没。

伊号第七一潜水艦　昭和十年十二月二十四日竣工、川崎造船所。昭和十七年五月二十日、伊一七一潜と改名。昭和十九年二月一日、ブカ島南西で米駆逐艦の爆雷攻撃を受け沈没。

伊号第七二潜水艦　昭和十二年一月七日竣工、三菱神戸造船所。昭和十七年五月二十日、伊一七二潜と改名。昭和十七年十一月十日、サン・クリストバル島で米掃海駆逐艦の攻撃を受け沈没。

伊号第七三潜水艦　昭和十二年一月七日竣工、川崎造船所。昭和十七年一月二十七日、ハワイ島ハマクア海岸北東で米潜の攻撃を受け沈没。

72　海大六型b

海大六型bは、巡潜三型と同じ昭和九年度計画、すなわち㊁計画、第二次海軍軍備補充計画で二隻建造された。主要性能は六型aと同じであるが、外殻の燃料タンク溶接の範囲を拡大して安全潜航深度を八五メートルと向上を図り、燃料搭載量を約一〇〇トン増大し、一〇ノットで一万五〇〇〇浬に航続距離を増大させている。兵装では水中探信儀と調音機は最新型の九三式を装備している。

伊号第七四潜水艦　昭和十三年八月十五日竣工、佐世保工廠。昭和十七年五月二十日、伊一七四潜に改名。昭和十九年四月十二日、トラック北方で米機の攻撃を受け沈没。

伊号第七五潜水艦　昭和十三年十二月十八日竣工、三菱神戸造船所。昭和十七年五月二十日、伊一七五潜に改名。昭和十九年二月十七日、ウオッゼ東方で米駆逐艦の攻撃を受け沈没。

73 海大七型

海大七型は、昭和十三年の竣工を最後にしばらく途絶えていた海大型の建造で、新海大型といわれた。しかし新巡潜型である甲乙丙型が順調に建造されているなか、この時期に性能的にむしろ後退した海大型をなぜ大量に建造したのかは判然としない。

それでも実戦では水上及び水中運動性能は良好で、これまでの海大型で指摘されていた急速潜航の性能も改善されており、無気泡発射菅を最初に装備した潜水艦で、全体的に艦隊での評価は高かった。魚雷発射管については海大型に見られる後部発射管は装備されておらず、前部六門のみである。

一番艦伊一七六潜が昭和十七年八月四日に呉工廠で竣工し、以後呉工廠でもう一隻、横須賀工廠で四隻、川崎重工で三隻、三菱神戸造船所で一隻、合計一〇隻が昭和十八年十月まで建造された。各艦は直ちに最前線に投入されたが、その中で竣工まもなく訓練中に事故により沈没した伊一七九潜を含め七隻までが、一年以内に喪失するという潜水艦消耗戦に巻き込まれた。結果的には残り三隻も昭和十九年十一月までに失われ、同型艦一〇隻全艦が喪失している。

伊号第一七六潜水艦　昭和十七年八月四日竣工、呉工廠。昭和十九年五月十六日、ソロモン諸島北方方面で米駆逐艦の攻撃を受け沈没。
伊号第一七七潜水艦　昭和十七年十二月二十八日竣工、川崎重工。昭和十九年十月三日、パラオ付近で米駆逐艦の攻撃を受け沈没。
伊号第一七八潜水艦　昭和十七年十二月二十六日竣工、三菱神戸造船所。昭和十八年六月十七日以降消息不明。
伊号第一七九潜水艦　昭和十八年六月十八日竣工、川崎重工。昭和十八年七月十四日、伊予灘で事故沈没。
伊号第一八〇潜水艦　昭和十八年一月十五日竣工、横須賀工廠。昭和十九年五月二十日、コジャック方面で沈没。
伊号第一八一潜水艦　昭和十八年五月二十四日竣工、呉工廠。昭和十九年一月十六日、ニューギニア南東海面で米駆逐艦、魚雷艇の攻撃を受け沈没。
伊号第一八二潜水艦　昭和十八年五月十日竣工、横須賀工廠。昭和十八年九月三日、エスピリットサント方面で米駆逐艦の攻撃を受け沈没。
伊号第一八三潜水艦　昭和十八年十月三日竣工、川崎重工。昭和十九年四月二十八日、本土南方で米潜の攻撃を受け沈没。
伊号第一八四潜水艦　昭和十八年十月十五日竣工、横須賀工廠。昭和十九年六月十九日、

伊号第一八五潜水艦　サイパン付近で米艦載機の攻撃を受け沈没。
昭和十八年九月二十三日竣工、横須賀工廠。昭和十九年六月二十二日、サイパン付近で米駆逐艦の攻撃を受け沈没。

74 機潜型

第一次世界大戦の結果、連合軍が接収したドイツUボートの中で七隻が戦利潜水艦として日本に分配された。その中で日本海軍が最も関心を寄せたのが大型機雷敷設潜水艦U125、接収仮称艦名〇一だった。最新式の機雷敷設装置、長大な航続力、安定良好な航洋性を有しており、そのままコピーし日本海軍向けにいくつかの改良を加え、大正十二年度計画で建造されたのが機雷潜である。

改良点は、艦橋の形状を変更し、南方作戦を考慮して冷却機が装備された。しかし冷却機を装備できるスペースがないので船体を延長したが、潜舵、横舵をそのままとしたため後述する水中の運動性能に支障が生まれた。機雷は最大で四八個搭載が可能で、六〇メートル間隔で敷設が可能だった。

しかし艦の性能は必ずしも良好とはいえなかった。というのも機雷を一つ落とすと、その重量と同じだけの水を艦内に入れなくては艦尾が浮き上がってしまう。逆に入れすぎたら艦は沈む。艦内では四八個の機雷を一つずつ艦尾の方に移動してゆかなくてはならず、この移動にしたがって艦内の水を前部に移動しなくてはならなかった。

さらに先の理由で船体を延長して舵類をそのままとしたため潜舵横舵が小さく舵の利きが悪く、艦の前後に重量の差が生じると、すぐ前か後ろに傾斜をしてしまう危険性があった。そうした特性から潜航中の艦を水平に、かつ命ぜられた深さを保持して、一定の場所に機雷を並べるということは極めて困難で、その難しさから機雷潜ではなく「きらい潜」と呼ばれていた。

開戦後は、様々な海峡口に機雷敷設を行なったが、その後、艦年齢超過による性能低下は太平洋の厳しい戦場には過酷で、太平洋戦争では老朽化に悩まされながら、その後主に航空機の燃料補給などの地味な作戦に活躍した。昭和十八年八月には残存した二隻が訓練艦になった。偶然にも同型艦三隻は、艦番号の古い順に戦没し、最後に一番艦伊一二一潜は終戦後、海没処分を受けている。

伊号第一二一潜水艦　昭和二年三月三十一日竣工、川崎造船所。昭和十三年六月一日、伊一二一潜に改名。終戦時残存。昭和二十一年四月三十日、若狭湾で海没処分。

伊号第一二二潜水艦　昭和二年十月二十八日竣工、川崎造船所。昭和十三年六月一日、伊一二二潜に改名。昭和二十年六月十日、石川県禄岬灯台付近で米潜の攻撃を受け沈没。

伊号第一二三潜水艦　昭和三年四月二十八日竣工、川崎造船所。昭和十三年六月一日、伊一

二三潜に改名。昭和十七年九月一日ガ島付近で米敷設駆逐艦の攻撃を受け沈没。

伊号第二四潜水艦　昭和三年十二月十日竣工、川崎造船所。昭和十三年六月一日、伊一二四潜に改名。昭和十七年一月二十日ポートダーウィン沖で豪掃海艇の攻撃を受け沈没。

75　甲型

甲型は軍縮条約失効後の昭和十二年㊂計画として二隻、昭和十四年の㊃計画で一隻、計三隻建造され、巡潜三型の後継として旗艦潜水艦の機能と飛行機搭載能力を有した大型潜水艦である。主機も日本海軍が開発した中で最高出力となる艦本式二号一〇型ディーゼルを装備し、水上速力二三・五ノットの高速を発揮でき、燃料搭載も巡潜三型より一五パーセント増大し、航続力一万六〇〇〇浬となった。

航空兵装では、艦橋前部に水偵格納庫、射出機も呉式一号四型を備え、巡潜型と異なり艦首に設けられ、水偵の組み立て、発進がさらに迅速になった。兵装は一四センチ砲に加え、二五ミリ連装機銃二基が装備され。魚雷発射管は九五式で艦首六門、搭載魚雷一八本を有した。

艦橋構造物の後方に、一・五メートル水防測距儀、水中索敵用として九三式探信儀及び九三式聴音機を装備した。

同型艦三隻のうち一番艦伊九潜は昭和十六年二月十三日に竣工、二番艦伊一〇潜は同年十月三十一日に、三番艦伊一一潜は昭和十七年五月十六日にそれぞれ竣工している。三艦とも先遣支隊の旗艦やインド洋の交通破壊戦、航空機偵察などに活躍したが、伊九潜は昭和十八年六月にキスカ島撤収作戦で戦没。伊一一潜は昭和十九年一月にエリス・サモア方面で消息不明となり、伊一〇潜は昭和十九年六月に、サイパン島に第六艦隊司令部救出作戦に向かったが、途中戦没している。

旗艦設備と航空機搭載能力を持った大型潜水艦でありながら、運動性能や急速潜航速度が優れた高性能艦であったが、本来の潜水戦隊の旗艦という活躍の場は少なく、前述のように相次いで戦没している。

伊号第九潜水艦　昭和十六年二月十三日竣工、呉工廠。昭和十八年六月十三日、キスカ島で米駆逐艦の攻撃を受け沈没。

伊号第一〇潜水艦　昭和十六年十月三十一日竣工、川崎重工。昭和十九年七月四日、サイパン島付近で米駆逐艦の攻撃を受け沈没。

伊号第一一潜水艦　昭和十七年五月十六日竣工、川崎重工。昭和十九年一月十一日、エリス諸島付近で消息不明。

76 甲型改一

太平洋戦争開戦目前に計画された建造計画、㊐計画で甲型二隻が追加された。それまでの甲型に装備された二サイクル複動艦本式二号一〇型ディーゼルを装備し、一基六二〇〇馬力と出力が大きく、国産の機関としては最高の水準に達していた。

しかし、複動機械を量産することは、当時の造機能力では戦時ではなかなか困難であった。また二サイクル複動エンジンの欠点である、シリンダーに重油の燃えカスが溜まることから、半月に一度は分解清掃しなくてはならなかったため、前線での整備は大変な労苦を要した。

そこで、甲型改一では、速力は低下するが比較的量産・保守が容易な四サイクル単動艦本式二二号一〇型ディーゼルを搭載することとなった。現に、甲型の水上速力は二三・五ノットであったの対し、甲型改一は水上速力一七・七ノットに低下した。しかし航続距離は甲型が一万六〇〇〇浬であったのに対し、甲型改一は二万二〇〇〇浬と大幅に延長された。これは機関が小型軽量になったため、機関室前部に燃料タンクが設置されたことによる。

一番艦伊一二潜は川崎重工で建造され、昭和十九年五月二十五日に竣工している。二番艦伊一三潜は伊四〇〇潜型の建造数が縮小されたため、隻数を補う目的のため、水上攻撃機二機を搭載できるように改良され、甲型改二に変更された。よって甲型改一は一隻だけの建造となり、伊一二潜のみとなった。

竣工後ただちに第十一潜水戦隊に編入され、就役訓練を重ね、早くも十月四日には第六艦隊の直轄艦としてマーシャル東方海面の交通破壊戦任務についた。しかしながら十月七日に函館を出港したが、その後消息が不明となり未帰還となった。戦後の米側の記録によれば、十月三十日に米船を撃沈したが、十一月三日に米沿岸警備船に撃沈されたともある。伊一二潜は戦時急造艦であったこと、初陣で姿を消したこともあり図面や写真が残されておらず、どのような外観の差があるのか一切不明である。

伊号第一二潜水艦　昭和十九年五月二十五日竣工、川崎重工。昭和二十年一月三十一日、中部太平洋方面で消息不明。

77　甲型改二

甲型改一の伊一二潜に続く建造予定であった伊一三潜、伊一四潜、伊一五潜の三隻は、同様に戦時急造として、低出力機関を搭載する予定であったが、昭和十八年後半になり潜特（伊四〇〇潜型）の建造隻数が減じられたため、その代艦として水上攻撃機「晴嵐」を二機搭載できるような航空兵装に改良されたのが、甲型改二である。

具体的には、㊐計画で建造されることとなった伊一三潜と昭和十七年度改㊄計画による伊一四潜、伊一五潜（二代目）、伊一潜（二代目）の四隻が、潜特型の減少した隻数を補う形としていわば準潜特型として設計変更がなされたのである。

すなわち搭載する航空機は「晴嵐」で二機搭載できるようにするのが大きな変更点である。よって艦橋付近の格納筒や射出機などは潜特型に準じて装備しているため、排水量が二三〇トンほど改一より増大し、復元力を保つためにバルジを装着するなど、これまでの甲型の艦容から一変した。

機関は甲型改一同様、艦本式二二号一〇型ディーゼル二基を搭載し、一基出力二二〇〇馬力、最高速力は一六・七ノットまでダウンしている。魚雷発射管は六門と変わらないが搭載魚雷数が甲型、甲型改一の一八本から一二本に減じている。しかし航空機もあわせて攻撃力が増大したものの、結果的には「晴嵐」を発進して攻撃を実施することはなかった。一番艦の伊一三潜は川崎重工で建造され、竣工が昭和十九年十二月十六日。二番艦の伊一四潜は同じく川崎重工で昭和二十年三月十四日に竣工している。竣工した伊一三潜と伊一四潜はウルシー攻撃（嵐作戦）のための偵察機輸送任務である光作戦に従事し、伊一三潜は途中戦没している。伊一五潜、伊一潜は未成で終戦を迎えた。

伊号第一三潜水艦　昭和十九年十二月十六日竣工、川崎重工。昭和二十年八月一日、トラック方面で消息不明。

伊号第一四潜水艦　昭和二十年三月十四日竣工、川崎重工。終戦時残存。昭和二十一年五月二十八日、ハワイ近海で海没処分。

伊一五潜、伊一潜（二代目）は未成。

78 乙型

乙型は昭和十二年の第三次補充計画、㊂計画で六隻、続く昭和十四年の軍縮条約失効後の軍備計画、第四次補充計画、㊃計画で一四隻、合計二〇隻が建造された。乙型は甲型の旗艦施設を除いた高速、長航続距離の大型潜水艦として、太平洋戦争で活躍した潜水艦の中で最も同型艦が多く主力を形成した。

甲型の旗艦設備を除き、水上偵察機を一機有し、格納庫、射出機を巡潜型と異なり、前甲板に配備した。甲型より少し小型化しているため、航続距離は少なくなっているが、機関は同じく大出力の艦本式二号一〇型ディーゼルを搭載しているので水上速力二三・六ノットを誇る。航続距離は燃料搭載量が甲型より少ないため、一六ノット一万四〇〇〇浬と短くなっている。

兵装は艦首に五三・三センチ魚雷発射管六門、航空機一機を搭載し、他に一四センチ単装砲と二五ミリ機銃一基を装備した。一番艦の伊一五潜は昭和十五年九月に竣工し、以後続々と建造された。最終的には昭和十六年に六隻、昭和十七年に一〇隻、昭和十八年には三隻が竣工した。

太平洋戦争中に主力を成したために戦果も多く、空母「ワスプ」「サラトガ」、戦艦「ノースカロライナ」、軽巡「ジュノー」などを撃沈破し、多数の航空偵察任務を成功させ、ドイツへの派遣任務も実施している。大戦中の日本海軍の潜水艦の戦果のうち、商船・タンカーまで含めると約四割が乙型の戦果であった。しかしそのぶん消耗が激しく、伊三三潜が二回にわたって事故沈没したケースも含めて末期には回天戦にも投入され一九隻を失い、戦後まで残ったのは武運艦と称された伊三六潜一隻のみだった。

伊号第一五潜水艦　昭和十五年九月三十日竣工、呉工廠。昭和十七年十二月五日、ガ島方面で消息不明。

伊号第一七潜水艦　昭和十六年一月二十四日竣工、横須賀工廠。昭和十八年八月十九日、ヌーメア沖で米機の攻撃を受け沈没。

伊号第一九潜水艦　昭和十六年四月二十八日竣工、三菱神戸造船所。昭和十九年二月二日、ギルバート方面で消息不明。

伊号第二一潜水艦　昭和十六年七月十五日竣工、川崎重工。昭和十八年十二月二十四日、ギルバート諸島で消息不明。

伊号第二三潜水艦　昭和十六年九月二十七日竣工、横須賀工廠。昭和十七年二月二十八日、ハワイ方面で消息不明。

伊号第二五潜水艦　昭和十六年十月十五日竣工、三菱神戸造船所。昭和十八年十月二十四日、ニューへブライズ沖で消息不明。

伊号第二六潜水艦　昭和十六年十一月六日竣工、呉工廠。昭和十九年十一月十七日、スリガオ海峡北東で米艦載機、駆逐艦の攻撃を受け沈没。

伊号第二七潜水艦　昭和十七年二月二十四日竣工、佐世保工廠。昭和十九年二月十三日、インド洋で米潜の攻撃を受け沈没。

伊号第二八潜水艦　昭和十七年二月六日竣工、三菱神戸造船所。昭和十七年五月十七日、トラック南方で米潜の攻撃を受け沈没。

伊号第二九潜水艦　昭和十七年二月二十七日竣工、横須賀工廠。昭和十九年七月二十六日、バリンタン海峡で米潜の攻撃を受け沈没。

伊号第三〇潜水艦　昭和十七年二月二十八日竣工、呉工廠。昭和十七年十月十三日、シンガポール港外で触雷により沈没。

伊号第三一潜水艦　昭和十七年五月三十日竣工、横須賀工廠。昭和十八年五月十三日、アッツ島で米艦載機、駆逐艦の攻撃を受け沈没。

伊号第三二潜水艦　昭和十七年四月二十六日竣工、佐世保工廠。昭和十九年三月二十四日、ウオッゼ島付近で米駆逐艦の攻撃を受け沈没。

伊号第三三潜水艦　昭和十七年六月十日竣工、三菱神戸造船所。昭和十九年六月十三日、伊予灘で訓練中事故沈没。

伊号第三四潜水艦　昭和十七年八月三十一日竣工、佐世保工廠。昭和十八年十一月十三日、

伊号第三五潜水艦　昭和十七年八月三十一日竣工、三菱神戸造船所。昭和十八年十一月二十二日、タラワ島南方で米駆逐艦の攻撃を受け沈没。

伊号第三六潜水艦　昭和十七年九月三十日竣工、横須賀工廠。終戦時残存。昭和二十一年四月一日、五島沖で海没処分。

伊号第三七潜水艦　昭和十八年三月十日竣工、呉工廠。昭和十九年十一月十九日、パラオ北方で米駆逐艦の攻撃を受け沈没。

伊号第三八潜水艦　昭和十八年一月三十一日竣工、佐世保工廠。昭和十九年十一月十二日、ヤップ島南方で米駆逐艦の攻撃を受け沈没。

伊号第三九潜水艦　昭和十八年四月二十二日竣工、佐世保工廠。昭和十九年十一月二十五日、マキン島で米駆逐艦の攻撃を受け沈没。

79　乙型改一

乙型改一は昭和十六年度戦時建造計画、㊝計画で建造された。㊝計画は、南進国策目的のための出師準備計画の実行のために計画されたものである。乙型同様、旗艦設備をもたない航空機搭載型の潜水艦で、これまでの乙型との主な相違点は、機関が異なっていることである。

乙型は二サイクル複動艦本式二号一〇型ディーゼルエンジンで馬力が一万二四〇〇馬力、水上二三・六ノットを記録していた。しかし機関製造に手間がかかるため戦時急造には不向きで、そのため、小出力にはなるが比較的製造が容易の艦本式二二号甲一〇型ディーゼルを搭載した。そのため馬力が一万一〇〇〇馬力に減少したが、水上速力は二三・五ノットを維持し、航続距離も一六ノット一万六〇〇〇馬力と変わらず大いに期待された。

その他の乙型との相違は排水量がわずかに増加しており、そして建造期間を短縮するため内殻の耐圧鋼材が軟鋼に改められたが、板厚を一割増すことにより安全潜航深度一〇〇メートルを維持している。一番艦の伊四〇潜は呉工廠で建造され昭和十八年七月三十一日に竣工している。

以後、昭和十八年の間に五隻、伊四一潜が九月十八日、伊四二が十一月十三日、伊四三潜が十一月五日、伊四五が十二月二十八日に竣工し、唯一伊四四潜が昭和十九年一月に一隻竣工している。

六隻の同型艦は竣工後、すぐさま熾烈な潜水艦戦に投入され、結果的に終戦時までに全艦が短期間に消耗した。六隻中、五隻がすべて昭和十九年に戦没しており、唯一残存していた伊四四潜は、艦橋前部の航空機格納筒や備砲を撤去して、回天を装備するように改良を加えられて千早隊、多々良隊として出撃したが、昭和二十年四月に多々良隊で沖縄方面に出撃して未帰還になっている。

伊号第四〇潜水艦　昭和十八年七月三十一日竣工、呉工廠。昭和十九年二月二十一日、ギルバート方面で消息不明。

伊号第四一潜水艦　昭和十八年九月十八日竣工、呉工廠。昭和十九年十一月十八日、比島東方海面で米駆逐艦の攻撃を受け沈没。

伊号第四二潜水艦　昭和十八年十一月三日竣工、呉工廠。昭和十九年三月二十三日、アドミラルティ島北方で米潜水艦の攻撃を受け沈没。

伊号第四三潜水艦　昭和十八年十一月五日竣工、佐世保工廠。昭和十九年二月十五日、トラック方面で米潜水艦の攻撃を受け沈没。

伊号第四四潜水艦　昭和十九年一月三十一日竣工、横須賀工廠。昭和二十年四月十七日、沖縄方面で米駆逐艦の攻撃を受け沈没。

伊号第四五潜水艦　昭和十八年十二月二十八日竣工、佐世保工廠。昭和十九年十月二十八日、比島東方海面で米駆逐艦の攻撃を受け沈没。

80 乙型改二

乙型改二は、㊄計画から繰り上げて建造された、昭和十六年度戦時建造追加計画、㊣で建造され一層の戦時建造簡易化を図った潜水艦となった。主な変更点は、機関を製造容易な艦本式二二号一〇型高過給ディーゼルに変更した。よって乙型、乙型改一が二三・五ノットに対して一七・七ノットと速力が低下した。逆に機関重量が減少したことにより航続距離が一六ノット一万四〇〇〇浬から二万一〇〇〇浬となっている。

安全潜航深度の維持についても乙型改一と同様、内殻の材質を製造が確実なDS鋼からMS鋼に変更するが、厚みを増すことにより深度一〇〇メートルを維持している。魚雷の積載数を一七本から一九本に増やし、より実戦に対応して改良を実施しているが電動機の性能低下は問題となり、水中性能に影響することとなった（乙型改一は水中八ノット、同改二は六・五ノット）。

同型艦は三隻で一番艦の伊五四潜は昭和十九年三月三十一日に竣工し、続く二番艦の伊五六潜は同年六月八日、最終番艦の伊五八潜は同年九月七日に竣工していて三隻とも横須賀工廠で建造された。また後に二二号電探、逆探なども装備して即実戦に投入されている。

そして伊五六潜と伊五八潜は回天搭載のため前甲板の射出機、格納筒を撤去した。すでにこの段階で、航空偵察能力を装備していた乙型の役割は終えていたことになる。昭和十九年四月以降は、敵の対潜兵器が確立されたこともあり、ほとんど戦果が挙げられないなか、終戦間際に伊五八潜が米巡「インディアナポリス」を撃沈し、終戦まで残存したが、その他の伊五四は比島方面で、伊五六潜は回天戦、多々良隊を搭載して沖縄方面に出撃したが戦没している。

伊号第五四潜水艦　昭和十九年三月三十一日竣工、横須賀工廠。昭和十九年十月二十八日、比島東方海面で米駆逐艦の攻撃を受け沈没。

伊号第五六潜水艦　昭和十九年六月八日竣工、横須賀工廠。昭和二十年四月五日、沖縄方面で米駆逐艦の攻撃を受け沈没。

伊号第五八潜水艦　昭和十九年九月七日竣工、横須賀工廠。終戦時残存。昭和二十一年四月一日、五島沖で海没処分。

81 丙型

丙型は乙型の航空兵装を廃止し、魚雷発射菅を甲乙型の六門から八門に雷装を強化した艦である。これは日本海軍の潜水艦が交通破壊戦用ではなく、艦隊攻撃用高速潜水艦として構想されていたことをより示している。

しかし基本設計は早期完成をめざすため、巡潜三型の設計を流用しており、巡潜三型で指摘されていた潜航性能の改善が施されているほか、機関はさらに出力が向上した艦本式二号一〇型ディーゼルが搭載されている。

魚雷発射管について巡潜三型は艦首六門だったため、発射管上部にあった予備魚雷格納用の魚雷発射筒を発射管にすることで、艦首八門を実現した。その他の兵装としては大砲が一四センチ連装砲から単装砲に変更され、機銃は一三ミリから二五ミリ機銃になっている。

同型艦は八隻建造され、一番艦の伊一六潜は昭和十五年三月二十日に船体は三菱神戸造船所、最終的な建造は呉工廠で実施された。八隻のうち五隻は太平洋戦争前にそれぞれ竣工し、ブランクを経て残り三隻は昭和十九年二月、七月、九月に完成している。

丙型の実戦での活躍は、敵艦隊への魚雷攻撃というより、戦前に竣工した五隻はガ島戦までは航空兵装のない平甲板を使用しての甲標的母艦としての活躍が目立ち、後半に建造された三隻のうち伊四七潜と伊四八潜は回天の母艦としても過酷な作戦に従事した。丙型本来の攻撃力を活かしての魚雷襲撃の機会はあまり恵まれず同型艦はつぎつぎと消息を絶ち、終戦時まで伊四七潜以外すべて戦没した。

丙型は日本海軍が建造した潜水艦の中で最も攻撃力が大きく、急速潜航速度も速く水中運動性能にも優れ、居住性も良好だったので、さらなる量産化ができなかったことが悔やまれる。

伊号第一六潜水艦　昭和十五年三月三十日竣工、呉工廠。昭和十九年五月十九日、ブイン北東で米駆逐艦の攻撃を受け沈没

伊号第一八潜水艦　昭和十六年一月三十一日竣工、佐世保工廠。昭和十八年二月十一日、インディスペンサブル礁南東で米駆逐艦の攻撃を受け沈没。

伊号第二〇潜水艦　昭和十五年九月二十六日竣工、三菱神戸造船所。昭和十八年九月三日、エスピリットサント島北東で米駆逐艦の攻撃を受け沈没。

伊号第二二潜水艦　昭和十六年三月十日竣工、川崎重工。昭和十七年十一月十二日、マライタ島東方で消息不明。

伊号第二四潜水艦　昭和十六年十月三十一日竣工、佐世保工廠。昭和十八年六月十一日、キスカ島付近で米駆潜艇の攻撃を受け沈没。

伊号第四六潜水艦　昭和十九年二月二十九日竣工、佐世保工廠。昭和十九年十月二十八日比島東方海面で米駆逐艦の攻撃を受け沈没。

伊号第四七潜水艦　昭和十九年七月十日竣工、佐世保工廠。終戦時残存。昭和二十一年四月一日、五島沖で海没処分。

伊号第四八潜水艦　昭和十九年九月五日竣工、佐世保工廠。昭和二十年一月二十三日、ウルシー方面で米駆逐艦の攻撃を受け沈没。

82　丙型改

丙型改は丙型の改造とは異なり、乙型改二と同一構造、機関、魚雷を装備し航空兵装を除き、一四センチ砲を前後二門装備した戦時急造艦である。したがって魚雷発射管は丙型の八門から乙型の六門に減じている。積載魚雷数も二〇本から一七本になっている。また機関も同様に艦本式二二号ディーゼルを搭載し、速力が丙型の二三・六ノットから一七・七ノットに低下しているが航続距離は一万四〇〇〇浬から二万一〇〇〇浬に伸びている。

同型艦は当初、昭和十七年に策定された㊉計画において五隻の建造予定であったが、伊五七と伊五九潜が取り止めとなったため三艦で、一番艦は昭和十八年十二月二十八日に伊五二潜として竣工している。三艦とも建造は呉工廠である。同艦はその航続距離を活かし、最後のドイツ派遣任務についたが目的眼前で米空母機に撃沈されている。

二番艦伊五三潜は、昭和十九年二月二十日竣工し、後に後甲板の大砲を撤去し、回天四基を搭載可能とする改良工事を施し、回天戦に従事。金剛隊を積載してパラオで戦った。さらに前甲板の大砲も撤去し回天二基、計六基を搭載して多聞隊を積載、西太平洋にて過酷な任務を戦い抜き終戦時に残存した。

三番艦伊五五潜は、昭和十九年四月二十日に竣工したが、七月十四日にはテニアン島の第一航空艦隊司令部救出作戦に従事したが、米駆逐艦の攻撃を受けサイパン島付近で戦没してしまいわずか半月の艦齢となった。唯一の残存艦、伊五三潜は昭和二十一年四月一日に長崎五島沖において爆破、海没処分されている。

伊号第五二潜水艦　昭和十八年十二月二十八日竣工、呉工廠。昭和十九年八月二日、ビスケー湾で米艦載機の攻撃を受け沈没。

伊号第五三潜水艦　昭和十九年二月二十日竣工、呉工廠。終戦時残存。昭和二十一年四月一日、五島沖で海没処分。

伊号第五五潜水艦　昭和十九年四月二十日竣工、呉工廠。昭和十九年七月十五日、サイパン付近で消息不明。

83 丁型

丁型は、昭和十七年度、ミッドウェー海戦の結果などによる改訂計画として立案された改⑤計画で一一隻と、昭和十九年度戦時建造計画、㊙計画で一隻が建造された。

当初、陸戦隊と特殊上陸用舟艇を搭載する、特殊部隊上陸用の潜水艦として計画された。陸戦隊員約一一〇名、特殊上陸用舟艇である特型運貨船、さらにゴムボートまで搭載が検討されていた。しかし、一番艦起工直後にガタルカナル島の輸送作戦が始まり、建造途中で物資搭載量は艦内に六二トン、甲板上に二〇トンの輸送用潜水艦として建造が進められた。

電探防止塗装した現在のステルス性を考慮した逆三角形の艦橋、シュノーケル（水中充電装置）を初めて装備するなど新技術が取り入れられ、ブロック建造で建造期間が大幅に短縮されるなど戦時中に計画され戦力化に成功した数少ない潜水艦となった。

これまでの資料では、一番艦の伊三六一潜のみ魚雷発射管が装備され、二番艦以降は発射管が装備されていなかったとされているが、同艦の建造に携わった技術士官や乗員の証言からも、最終番艦の伊三七二潜以外、発射管は装備されていた。

一番艦伊三六一潜は昭和十九年五月二十五日に呉工廠で竣工した。以後一一隻はすべて昭和十九年に竣工し、呉工廠、横須賀工廠、三菱神戸造船所で建造が進められた。全艦末期の厳しい輸送任務に従事し、後に六隻が回天搭載艦として攻撃用潜水艦に改造されている。終戦時には一二隻中、八隻が失われ、戦後に伊三六三潜が佐世保に回航中に宮崎沖で触雷沈没している。

伊号第三六一潜水艦　昭和十九年五月二十五日竣工、呉工廠。昭和二十年五月三十日、沖縄方面で米艦載機の攻撃を受け沈没。

伊号第三六二潜水艦　昭和十九年五月二十五日竣工、三菱神戸造船所。昭和二十年一月十八日、カロリン諸島方面で米駆逐艦の攻撃を受け沈没。

伊号第三六三潜水艦　昭和十九年七月八日竣工、呉工廠。終戦時残存。昭和二十年十月二十九日、佐世保回航中触雷沈没。

伊号第三六四潜水艦　昭和十九年六月十四日竣工、三菱神戸造船所。昭和十九年九月十五日、内南洋で米潜水艦の攻撃を受け沈没。

伊号第三六五潜水艦　昭和十九年八月一日竣工、横須賀工廠。昭和十九年十一月二十九日、トラックから横須賀に回航中米潜水艦の攻撃を受け沈没。

伊号第三六六潜水艦　昭和十九年八月三日竣工、三菱神戸造船所。終戦時残存。昭和二十一年四月一日、五島沖で海没処分。

伊号第三六七潜水艦　昭和十九年八月十五日竣工、三菱神戸造船所。終戦時残存。昭和二十一年四月一日、五島沖で海没処分。
伊号第三六八潜水艦　昭和十九年八月二十五日竣工、横須賀工廠。昭和二十年二月二十七日、硫黄島方面で米艦載機の攻撃を受け沈没。
伊号第三六九潜水艦　昭和十九年十月九日竣工、横須賀工廠。終戦時残存。海没処分。
伊号第三七〇潜水艦　昭和十九年九月四日竣工、三菱神戸造船所。昭和二十年二月二十六日、硫黄島方面で米駆逐艦の攻撃を受け沈没。
伊号第三七一潜水艦　昭和十九年十月二日竣工、三菱神戸造船所。昭和二十年三月十二日、トラック方面で消息不明。
伊号第三七二潜水艦　昭和十九年十一月八日竣工、横須賀工廠。昭和二十年七月十八日、横須賀で米艦載機の空襲を受け沈没。

84　丁型改

丁型改は、昭和十九年度戦時建造計画、㊗計画で航空ガソリン輸送用潜水艦として計画された。よって自艦の攻撃力、速力、航続力よりも輸送搭載燃料を重視した。積載量は軽質油を一五〇キロリットル、輸送物資を艦内に一〇〇トン、艦外に一〇トン、大型通船を一艇搭載することが可能であった。

兵装は迫撃砲、機銃のみで魚雷は搭載していなかった。主機は丁型と同じ艦本式二三号乙八型ディーゼル二基を搭載している。終戦までに二隻起工されだが、竣工は一番艦のみで伊三七三潜が昭和二十年四月十四日に横須賀工廠で竣工している。

六月末に航空揮発油搭載工事を実施し、八月九日に佐世保を出港し、台湾との作戦輸送に従事した。しかし、出港してまもなく終戦間際の八月十三日に東シナ海中央部で米潜水艦のレーダーに探知され、魚雷攻撃を受け沈没している。

二番艦伊三七四潜は工程四〇パーセントで建造を中止し、他の計画艦も未起工で終わっている。本型は一番艦が初陣で喪失し、二番艦が未成で終わったこともあり図面や写真が現存していない。

伊号第三七三潜水艦　昭和二十年四月十四日竣工、横須賀工廠。昭和二十年八月十三日、東シナ海で米潜水艦の攻撃を受け沈没。

伊三七四潜は未成。

85 潜補型

潜補型は、昭和十六年度の㊣計画で建造された大型補給用潜水艦である。その排水量は潜特型に次いで日本海軍潜水艦の中で大きく、基準排水量二六五〇トンは「晴嵐」を二機搭載できる乙型改二を上回る。計画時では飛行艇による空襲を実施するための、中継補給艦として航空燃料五〇〇キロリットルと、二五〇キロ航空機用爆弾を二〇発搭載できるよう計画され、三隻の建造予定だった。

しかしその後の戦局悪化から、離島輸送用の補給潜水艦として用途の変更が行なわれた。それにより一隻の建造が取り止められ、二隻が航続力の増大や機銃の増強などが新たに設計に組み込まれた。

一番艦伊三五一潜は昭和二十年一月二十八日に呉工廠で竣工した。続く二番艦伊三五二潜は、昭和十九年四月二十三日に進水し、同じく呉工廠で建造され、工程九〇パーセントで六月二十二日に空襲に遭い被爆沈没している。

伊三五一潜は、昭和二十年四月四日に第十五潜水隊に配備されただちに就役訓練に入った。その後五月一日に早くも呉を出港してシンガポールをめざし、航空機用揮発油輸送に従事した。六月三日、無事佐世保に帰着。その後二十二日に再びシンガポールに進出、航空揮発油五〇〇キロリットル、便乗者九三六航空隊司令以下、搭乗員四二名を乗せ内地に向かったが、まもなく消息不明となった。

米側資料によれば、七月十四日、ボルネオ沖で浮上航行中に米潜水艦の雷撃を受け、沈没した。もはや、昭和十九年後半からは潜水艦ですら隠密行動が困難となりつぎつぎと撃沈されていった。伊三五一潜は艦長以下一〇〇名が戦死し、三名の生存者が米駆逐艦に救助された。

伊号第三五二潜水艦　昭和二十年一月二十八日竣工、呉工廠。昭和二十年七月十四日、南シナ海で米潜水艦の攻撃を受け沈没。

伊三五二潜は未成。

86 潜特型

潜特型は、昭和十七年度艦船建造補充計画、通称改⑤計画に基づいて建造された、当時世界最大の潜水艦である。メガネ型の多筒式船殻構造を持ち、基準排水量三五三〇トン、全長一二二メートル、魚雷発射管八門、水上攻撃機三機を搭載、航続距離三万七五〇〇浬を誇り、その長大な航続距離は燃料補給を受けずに全世界のいかなるところにも往復することが可能だった。

当初パナマ運河や米本土西海岸部の攻撃を実施するために計画されたが、本土空襲などで水上攻撃機「晴嵐」の完成が遅れたために作戦目標が変更され、最終的にウルシー泊地の米機動部隊への攻撃に使用された。

本艦の最大の特長である航空機搭載について、従来からの零式小型水偵より大型の特殊攻撃機「晴嵐」を三機搭載するため様々な技術的な課題があった。その一つが射出機で、最大射出可能重量が五トンとアメリカ海軍の航空母艦に搭載されていたカタパルトと大きな差がなかった。また航空機三機を収容する二二〇トンの格納庫に万が一浸水しても、浮力を保てる能力を有していた。

魚雷発射管は八門を有しており、搭載魚雷数も当初は二四本の要求がなされたが、できるだけ船体の大きさを抑えるため、搭載本数は二〇本になった。それでも基準排水量が軽巡洋艦と同等の大きさになったので、潜航速度や水中機動性能への影響が懸念されたが、潜航速度は丙型なみの約五〇秒を維持し、水中での運動性能も他の大型潜水艦に劣るものではなく、居住性の良好さと相まって乗員の評価はとても高かった。

潜特型は日本海軍潜水艦の技術の高さを最後に示したものであり、アメリカ海軍がソ連にわたらないように早々に海没処分にした理由が、その技術力を物語っている。

伊号第四〇〇潜水艦　昭和十九年十二月三十日竣工、呉工廠。終戦時残存。昭和二十一年六月四日、ハワイ近海で海没処分。

伊号第四〇一潜水艦　昭和二十年一月八日竣工、佐世保工廠。終戦時残存。昭和二十一年五月三十一日、ハワイ近海で海没処分。

伊号第四〇二潜水艦　昭和二十年七月二十四日竣工、佐世保工廠。終戦時残存。昭和二十一年四月一日、五島沖で海没処分。

伊四〇三潜は建造中止。伊号四〇四潜、伊四〇五潜は未成。

87 中型

中型は、艦隊付属型の大型潜水艦建造に注力するあまり呂号潜水艦の建造は海中五型以降しばらく途絶えていた。中型は戦時急増のタイプシップとして昭和十四年の計画で九隻、昭和十六年の計画で八隻、その後㊉計画で一隻、計一八隻が完成した。

同型は海大型の補助的役割を要求されたため、高速化と航続力を求められた。一番艦呂三五潜は昭和十八年三月二十五日に三菱神戸造船所で建造・竣工した。以後最終番艦まで、佐世保工廠で二隻以外、三菱神戸と三井玉野造船所で建造された。特定の造船所で短期間に連続建造したため量産性に優れ、一年から一年半の建造期間でつぎつぎと竣工し、最終一八番艦呂五六潜は昭和十九年十一月十五日に竣工している。

本艦は艦隊付属型の潜水艦よりやや水上速度が劣り魚雷の搭載本数が劣るものの、行動期間やとくに運動性能においては優れており、艦隊付属型潜水艦として特段支障がなかった。むしろ急速潜航速度が速く、安全潜航深度を超えて潜航が可能なことからも乗員の評価が高く、就役後は乗員から絶賛されて建造中止後も再開を望まれたほどで、日本海軍が建造した潜水艦の中で極めて優れた潜水艦の一つだった。

しかし戦局が困難な時期に竣工したこともあり、短期間にギルバート作戦やあ号作戦でつぎつぎに沈められ、最終的に呂五〇潜以外一七隻が失われた。比較的短期間にほとんどの同型艦を失ったため、就航後の改造においては主だったものはなく、呂五〇潜に水中充電装置、昭和二十年に残存していた七隻には対水上電探、対空電探が装備されたと思われるが、詳細は不明である。

呂号第三五潜水艦　昭和十八年三月二十五日竣工、三菱神戸造船所。昭和十八年八月二十五日、エスピリットサント島北西で米駆逐艦の攻撃を受け沈没。

呂号第三六潜水艦　昭和十八年五月二十七日竣工、三菱神戸造船所。昭和十九年六月十三日、サイパン島付近で米駆逐艦の攻撃を受け沈没。

呂号第三七潜水艦　昭和十八年六月三十日竣工、佐世保工廠。昭和十九年一月十七日、エスピリットサント島付近で消息不明。

呂号第三八潜水艦　昭和十八年七月二十四日竣工、三菱神戸造船所。昭和十九年一月二日、ギルバート方面で消息不明。

呂号第三九潜水艦　昭和十八年九月十二日竣工、三菱神戸造船所。昭和十九年二月二日、ウオッゼ方面で米駆逐艦の攻撃を受け沈没。

呂号第四〇潜水艦　昭和十八年九月二十八日竣工、三菱神戸造船所。昭和十九年二月十六日、ギルバート方面で米駆逐艦の攻撃を受け沈没。

呂号第四一潜水艦　昭和十八年十一月二十六日竣工、三菱神戸造船所。昭和二十年三月二十三日、沖縄諸島方面で米駆逐艦の攻撃を受け沈没。
呂号第四二潜水艦　昭和十八年八月三十一日竣工、佐世保工廠。昭和十九年七月十二日、サイパン島付近で消息不明。
呂号第四三潜水艦　昭和十八年十二月十六日竣工、三菱神戸造船所。昭和二十年二月二十六日、硫黄島付近で米艦載機の攻撃を受け沈没。
呂号第四四潜水艦　昭和十八年九月十三日竣工、三井玉野造船所。昭和十九年六月十六日、サイパン付近で米駆逐艦の攻撃を受け沈没。
呂号第四五潜水艦　昭和十九年一月十一日竣工、三菱神戸造船所。昭和十九年五月一日、トラック南方で米駆逐艦の攻撃を受け沈没。
呂号第四六潜水艦　昭和十九年二月十九日竣工、三井玉野造船所。昭和二十年四月二十九日、沖縄方面で米艦載機の攻撃を受け沈没。
呂号第四七潜水艦　昭和十九年一月三十一日竣工、三菱神戸造船所。昭和十九年九月二十六日、パラオ付近で米駆逐艦の攻撃を受け沈没。
呂号第四八潜水艦　昭和十九年三月三十一日竣工、三菱神戸造船所。昭和十九年七月十五日、サイパン付近で米駆逐艦の攻撃を受け沈没。
呂号第四九潜水艦　昭和十九年五月十九日竣工、三井玉野造船所。昭和二十年四月十四日、沖縄諸島方面で消息不明。

呂号第五〇潜水艦　昭和十九年七月三十一日竣工、三井玉野造船所。終戦時残存。昭和二十一年四月一日、五島沖で海没処分。

呂号第五五潜水艦　昭和十九年九月三十日竣工、三井玉野造船所。昭和二十年二月七日、比島西方海面にて米駆逐艦の攻撃を受け沈没。

呂号第五六潜水艦　昭和十九年十一月十五日竣工、三井玉野造船所。昭和二十年四月十五日、沖縄方面で消息不明。

88 小型

呂号潜水艦である小型、また呂一〇〇型は昭和十五年度第二次追加計画、㊣計画で九隻、昭和十六年度戦時建造計画、㊤計画で九隻、合計一八隻が計画され建造された。

排水量が五二五トンと小型だが凌波性を考慮して艦首の乾舷を高くし、大型の艦橋を設置していた。またビッカーズ式のディーゼルを改良した艦本式二四号六型ディーゼルを二基搭載して、水上速力一四・二ノットとし、水上水中機動性能もよく、とくに潜航時間が早くツリムの調整も容易だった。

また、魚雷発射管は四門、搭載魚雷八本を装備し、離島防衛、沿岸防衛用の潜水艦として多用途な高性能艦であった。しかし、戦局が厳しく潜水艦が不足しているため、通常の潜水艦と同じ作戦が使用できるよう乗員を二直三八名から三直五五名に増員し、燃料搭載量も増やして航続距離を延伸させた。それによりとくに居住性が非常に悪化し、乗員からは評判が良くなかったといわれている。また、南方作戦を考慮して冷却機を装備したが、不良で居住性の悪化を防げなかったこともあり長期行動に困難を極めた。

一番艦は昭和十七年九月二十三日に呂一〇〇潜が呉工廠で竣工したが、なぜか一番艦なのに一〇〇番から命名されている。以後一一八番艦の呂一一七潜まで同型艦が建造されるが、艦番号順には竣工していない。

一八隻のうち昭和十七年に六隻、昭和十八年に一〇隻、昭和十九年に二隻が完成し、最終番艦の呂一一七潜は昭和十九年一月三十一日に竣工している。建造は呉工廠が四隻で、後は同社泉州工場も含めて川崎重工神戸造船所が主に建造を行なった。各艦は就航後にソロモン諸島や中部太平洋の外洋作戦に投入され、厳しい任務を強いられたため短期間に全一八隻が戦没している。

呂号第一〇〇潜水艦　昭和十七年九月二十三日竣工、呉工廠。昭和十八年十一月二十五日、ブーゲンビル南方で触雷により沈没。

呂号第一〇一潜水艦　昭和十七年十月三十一日竣工、川崎重工。昭和十八年九月十五日、ソロモン方面で米駆逐艦の攻撃により沈没。

呂号第一〇二潜水艦　昭和十七年十一月十七日竣工、川崎重工。昭和十八年五月十四日、ニューギニア南東海面で米魚雷艇の攻撃を受け沈没。

呂号第一〇三潜水艦　昭和十七年十月二十一日竣工、呉工廠。昭和十八年八月十日、ソロモン方面で消息不明。

呂号第一〇四潜水艦　昭和十八年二月二十五日竣工、川崎重工。昭和十九年五月二十三日、アドミラルティ北方で米駆逐艦の攻撃を受け沈没。

呂号第一〇五潜水艦　昭和十八年三月五日竣工、川崎重工。昭和十九年五月三十一日、アドミラルティ北方で米駆逐艦の攻撃を受け沈没。
呂号第一〇六潜水艦　昭和十七年十二月二十六日竣工、呉工廠。昭和十九年五月二十二日、アドミラルティ北方で米駆逐艦の攻撃を受け沈没。
呂号第一〇七潜水艦　昭和十七年十二月二十六日竣工、呉工廠。昭和十八年七月十二日ソロモン方面で米駆逐艦の攻撃を受け沈没。
呂号第一〇八潜水艦　昭和十八年四月二十日竣工、川崎重工。昭和十九年五月二十六日、アドミラルティ北方で米駆逐艦の攻撃を受け沈没。
呂号第一〇九潜水艦　昭和十八年四月二十九日竣工、川崎重工。昭和二十年四月二十五日、沖縄方面で米駆逐艦の攻撃を受け沈没。
呂号第一一〇潜水艦　昭和十八年七月六日竣工、川崎重工。昭和十九年二月十二日、ベンガル湾でインドの艦艇より攻撃を受け沈没。
呂号第一一一潜水艦　昭和十八年七月十九日竣工、川崎重工。昭和十九年六月十日、サイパン方面で米駆逐艦の攻撃を受け沈没。
呂号第一一二潜水艦　昭和十八年九月十四日竣工、川崎重工。昭和二十年二月十一日、比島北方海面で米潜水艦の攻撃を受け沈没。
呂号第一一三潜水艦　昭和十八年十月十二日竣工、川崎重工。昭和二十年二月十三日、比島北方方面で米潜水艦の攻撃を受け沈没。

呂号第一一四潜水艦　昭和十八年十一月二十日竣工、川崎重工。昭和十九年六月十六日、サイパン付近で米駆逐艦の攻撃を受け沈没。

呂号第一一五潜水艦　昭和十八年十一月三十日竣工、川崎重工泉州工場。昭和二十年二月一日、比島西方海面で米駆逐艦の攻撃を受け沈没。

呂号第一一六潜水艦　昭和十九年一月二十一日竣工、川崎重工。昭和十九年五月二十四日、アドミラルティ北方で米駆逐艦の攻撃を受け沈没。

呂号第一一七潜水艦　昭和十九年一月三十一日竣工、川崎重工泉州工場。昭和十九年六月十七日、サイパン付近で米艦載機の攻撃を受け沈没。

89 潜輸小型

戦局が厳しく推移し、島嶼などの最前線に潜水艦による輸送を検討しているなか、陸軍潜航輸送艇「ゆ艇」の影響を受け、近距離輸送用潜水艦として開発されたのが潜輸小型である。小型輸送用潜水艦といっても、厳しい前線で輸送任務を果たすため、水中速力五ノット、安全潜航深度一〇〇メートルを維持するなど戦訓に基づく実戦に適した性能を有していた。各艦竣工後は、南鳥島、南大東島への輸送任務や、本土南方洋上においてB29に対する哨戒任務に従事し、最終的には本土決戦用の防衛用潜水艦として終戦を迎えた。

波号第一〇一潜水艦　昭和十九年十一月二十二日竣工、川崎重工。終戦時残存。昭和二十年十月、清水付近で海没処分。

波号第一〇二潜水艦　昭和十九年十二月六日竣工、川崎重工。終戦時残存。昭和二十年十月、清水付近で海没処分。

波号第一〇三潜水艦　昭和二十年二月三日竣工、川崎重工。終戦時残存。昭和二十一年四月一日、五島沖で海没処分。

波号第一〇四潜水艦　昭和十九年十二月一日竣工、三菱神戸造船所。終戦時残存。昭和二十年十月、清水付近で海没処分。

波号第一〇五潜水艦　昭和二十年二月十九日竣工、川崎重工。終戦時残存。昭和二十一年四月一日、五島沖で海没処分。

波号第一〇六潜水艦　昭和十九年十二月十五日竣工、三菱神戸造船所。終戦時残存。昭和二十一年四月一日、五島沖で海没処分。

波号第一〇七潜水艦　昭和二十年二月七日竣工、三菱神戸造船所。終戦時残存。昭和二十一年四月一日、五島沖で海没処分。

波号第一〇八潜水艦　昭和二十年五月六日竣工、川崎重工。終戦時残存。昭和二十一年四月一日、五島沖で海没処分。

波号第一〇九潜水艦　昭和二十年三月十日竣工、三菱神戸造船所。終戦時残存。昭和二十一年四月一日、五島沖で海没処分。

波号第一一一潜水艦　昭和二十年七月十三日竣工、三菱神戸造船所。終戦時残存。昭和二十一年四月一日、五島沖で海没処分。

波一一〇潜、波一一二潜は未成。

90　譲渡潜水艦

ドイツから、インド洋での交通破壊戦をもっと積極的に実施してもらいたいとの要請から、中型の新鋭のUボートを二隻提供すると申し出があった。当初は有償との提案もあったが、交渉の末譲渡となり、一隻はドイツ側で回航するが、もう一隻は日本側で回航して欲しいとの条件となった。

呂号第五〇〇潜水艦（仮称さつき一号）

旧ドイツ潜水艦、IXC型に属するU511で昭和十六年十二月八日に竣工している。昭和十八年五月十日にロリアンを出航、便乗者に野村直邦中将、杉田保軍医中佐、搭載品には、魚雷艇用のエンジンや黄熱病の病原菌などが積み込まれた。

途中、Uボートのタンカーから給油を受け、六月十日頃にインド洋に進出。六月二十七日と七月九日に、なんとアメリカ貨物船を撃沈する。七月十六日ペナンを経由して八月七日に呉に無事到着。九月十六日に日本海軍に引き渡し、七月一日、呉防備隊に編入された。

主な活動は、実戦に投入されることはなく、その静粛性能から、対潜部隊の敵役として使われた。訓練用の敵艦として舞鶴で終戦を迎える。

呂号第五〇一潜水艦（仮称さつき二号）

旧ドイツ潜水艦、ⅨＣ40型のＵ１２２４で昭和十八年十月二十日に竣工した。伊八潜でドイツに到着した回航員はハンブルグで半年間の訓練を受け、昭和十九年二月五日、乗田貞敏少佐が艦長として着任。二月十五日にキール軍港で引き渡し式が行なわれ、正式に日本海軍潜水艦呂五〇一潜となった。

三月三十日、四名の便乗者を乗せ北海の東部を通り、ノルウェー西方からアイスランド南東を迂回して北大西洋に出る。途中、中部大西洋で給油を受けた後五月六日以降消息がなく、七月中旬を過ぎてもペナンに帰ってくることはなかった。

呂五〇一潜はアフリカ大陸西岸のベルテ岬北方において、五月十三日夜に対潜掃討部隊、護送空母「ボーク」、護衛の駆逐艦五隻に発見され、護衛駆逐艦「フランシス・Ｍ・ロビソン」がソナー探知、新兵器であるヘッジホッグを発射、数分後に爆発音があるも、加えて爆雷攻撃を行ない沈没した。ヘッジホッグにより初めて撃沈された潜水艦となった。

91 甲標的

甲標的は最終的に大別すると甲型、乙型、丙型、丁型が開発、建造され実戦に投入された。特殊潜航艇という呼称は第一次特別攻撃隊と第二次特別攻撃隊のみに使われ、以後の作戦では使われていない。よって全型を表わす際には甲標的が最も定着している呼称である。

甲型の建造は呉海軍工廠魚雷実験部で行なわれ、約三〇隻が完成している。しかし後に改良されたタイプが建造されたので、これまでを甲型、改造したものを乙型としたので、最初から甲型として生産された訳ではない。そもそも当初は「小型潜水艇」といった艦艇ではなく、消耗品である兵器「魚雷の延長」として建造された。よって開発者も魚雷屋であった。

昭和十七年からは大浦崎分工場で建造が開始され、甲型約二〇隻が建造された。昭和十八年大浦崎で乙型、五三号艇が試作され、同年秋から丙型四〇隻の建造が開始された。よって乙型は一隻しか建造されなかった。この段階で所管が呉工廠水雷部に移管された。

昭和十九年夏から丁型が開発され、同年末から丁型「蛟龍」の量産が大浦崎、呉、横須賀、舞鶴の各工廠、三井玉野、三菱長崎などで実施された。これら民間工場も、当時としては画期的なブロック建造方式がとられて大量生産を図り、本土決戦に備えたが、舵機、発射管、潜望鏡、ジャイロ、発電機、電動機などの製造が追いつかず、結局「蛟龍」のドンガラだけが大量に並んでいる状況で終戦を迎えた。

甲標的の性能

実戦に投入された甲型、乙型、丙型、丁型については次のような特長相違があった。

甲型は昭和九年の一次試作、昭和十五年の二次試作を経て量産化されたタイプで、後に発電機を装備した甲標的を試作した際、それまでを甲型、発電機装備の甲標的を乙型と区別した。一次試作艇よりモーターの強度増加、操縦室の拡大、縦舵機力量の増加、縦舵面積の増加、応急補助タンクの増設、航続距離の延伸を行なったため、二次試作からは水中の速度が逆に二四ノットから一九ノットに低下した。

さらに真珠湾攻撃の第一次攻撃隊仕様としては、後部の電池を四分の一陸揚げし、空気圧式の操舵装置の気畜器の増載。頭部に防潜網突破用網切り、魚雷発射管前に八の字カッター、プロペラガード、頭部と前部間に保護索を設けた。

また搭載中の母潜水艦との連絡用の電話装置を装備、自爆装置も設置した。第二次攻撃隊仕様では、母潜水艦と甲標的の間に水密交通筒を設置。縦舵動力を油圧にし、水中聴音機を増備。発射菅前に水密のキャップを付し、発射の前に艇内操作で離脱するようにした。また通風装置、ジャイロコンパスを改良した。キスカへの配備、ガ島への攻撃までは甲型である。

乙型は甲型に対して、セイル下部の操縦室後部を約一メートル延長して、四〇馬力二五キロワットの自己充電装置とディーゼル発電機を装備したいわば試作艇である。五三号艇一隻しか建造されず、そのまま丙型に移行された。

丙型は、乙型で実績の良かった充電装置、発電機を装備し、その結果として水上航続距離が五〇〇浬となり水上航走用充電用の機関を搭載したため、乗員も電機員一名を加えて三名となった。昭和十九年まで三六隻（五四号艇から八〇号艇まで）が生産され、ラバウル、ハルマヘラ、トラック、セブ、ダバオ、父島、沖縄、マニラ（後に高雄）に配備された。最も活躍したタイプであったが丙型に関する資料が少なく、細かな仕様が明らかになっていない。

丁型「蛟龍」

本土・離島防衛用として敵の航空兵力の下で水上艦艇が自由に行動できなくなっていた戦局に潜水艦以外に頼みとするところがなかった。そのため、甲標的の性能向上が計画され昭和十九年から試作に入ったのが丁型、すなわち蛟龍である。

排水量、全長、最大幅がこれまでの甲標的と比べ大きくなり、メインタンクと二・五トンの重油タンクを有した。一五〇馬力の発電機を装備し、航続距離が大きく伸びた（八ノットで一〇〇〇浬）。さらにフロンガスの冷房機や艦内厠、無線檣を装備し、乗員も内火、通信の艇付一名ずつを増員して艇長以下五名となった。九州から沖縄まで航行できる性能も有していた。

92　回天

昭和十八年十月十五日に呉軍港に隣接する、倉橋島東北端の大浦崎にある呉海軍工廠魚雷実験部に甲標的の基地である通称P基地に甲標的艇長講習員として仁科関夫少尉が赴任した。そこで黒木博司大尉と出会い、以後同室で寝食を共にすることになった。

その半年前から黒木大尉は戦局を挽回できる新兵器や新戦法がないか研究していたが、仁科少尉と出会うことで人間魚雷の構想が具体化するようになる。以前より黒木大尉は日本海軍が誇る酸素魚雷が戦局の悪化や、航空機の発達で多数倉庫に眠っていたものを改造して、自らが操縦して体当たりをする人間魚雷を完成させようとしていたのである。

人間魚雷の研究は技術的に見込みが立つと考え兵器として採用してもらうため、設計図と意見書が軍務局に届けられた。しかし、海軍の伝統として決死ではなく必死の兵器は採用できないと却下された。それでも諦めない黒木大尉と仁科少尉は、昭和十八年十二月二十八日に上京。軍令・軍務の担当者を説得して回り、ついに海軍大臣嶋田繁太郎大将にまで兵器採用を強く訴えた。

嶋田海軍大臣より、回天の開発は一時中止の命令を受けていたが、昭和十九年二月、ますます戦局が悪化する状況を受け、脱出装置を付けることを前提に製造の許可がおりた。早速、呉海軍工廠魚雷実験部で魚雷設計者の技術大佐の下、三艇の試作艇が極秘に進められたが、技術的に困難で試作が行き詰まってしまった。

しかし、黒木大尉、仁科中尉（三月昇進）は「脱出装置の組み込みは回天の性能を著しく低下させ、実戦部隊が要求する兵器とは程遠いものになる」と強く反対。仁科中尉は「脱出装置を付けるならば、お付けになって結構です。その代わり、私たちは出撃するとき、そいつを基地に置いて行きますから」と言い切ったそうである。結局、昭和十九年七月に脱出装置のないまま、試作艇が完成し有人航走を実施することとなり、黒木大尉の発案により「回天」と名づけられた。

昭和十九年四月四日、特殊緊急実験を要する兵器のひとつとして㈥金物と呼ばれたのが人間魚雷回天である。海軍省より公式開発されることとなった回天は呉工廠で開発された。その結果、回天には一型、一型改、二型、三型の四種類が開発され、最後の一〇型は計画で終わった。そのうち部隊に配備されたのは一型と一型改である。

一型及び一型改一　改二

可能な限り早期に実戦に投入したいとの考えから、既成の兵器である九三式魚雷三型を改造して生産を開始した。すなわち、回天の胴体前部は九三式魚雷で構成されている。後部はあらたに操縦席を設置し、その後ろには空気室、燃料室が配置された。全長は一四・五メートル、速力は三〇ノット、航続時間は二時間一五分、頭部炸薬量は一五五〇キロにもおよんだ。

短所としては安全潜航速度が八〇メートルで、母艦潜水艦の潜航深度より浅かった。回天一型は菊水隊、金剛隊に投入されたが量産が一向に進まないため、構造を簡素化し、ツリムタンクの増設や操縦室内への燃焼圧計の装着などが装備される改正がなされた。これを回天一型改一と称した。また別に気畜器を装備した一型改二があるとされるが詳細は不明である。

二型

二型は本格的な人間魚雷として、海軍の技術陣が総力を挙げて開発されたものである。開発と実験は呉海軍工廠、三菱重工長崎で実施された。二型の特長はその推進方式にあり、魚雷の動力源に過酸化水素を用いた。いわばロケット燃料方式で要求は四〇ノット。後に有名になったロケット戦闘機「秋水」の動力源と同じである。

しかし限られた過酸化水素を「秋水」のみに使用されることとなり、二型の開発は昭和二十年三月に中止を命ぜられたのである。それに加えて機関が異なるタービン機関を推進とする開発が進められ、三型と称したが完成には至らなかった。

四型

四型は二型と同時進行で開発が進められていたタイプで、二型の開発が失敗したときのための予備とされた。そのため燃料系統以外は二型と共通部分が多い。二型と四型の推進機関である六号機械は海軍工廠タイプと三菱タイプと二種類あったが共に故障が相次ぎ二型とともに開発が中止されたが、終戦直前に生産が再開されているが、実戦に投入されることはなかった。

93　潜水母艦

潜水艦はとくに潜水艇と称されていた明治期や大正に入っても、潜水艦の居住性や食事や休養、燃料や真水などの備蓄が困難であることから潜水母艦の役割は大きかった。わが国最初の潜水母艦は元捕獲ロシア船「韓崎」で、当時としては一万トンを超える大型の母艦として活躍した。第一線の母艦任務を退いた後にも、潜水学校の練習艦として長く貢献し、日本海軍草創期を支えた。

日清戦争後に保有したのが「豊橋」で、外国から購入した汽船で潜水艦の補給や乗員の休養に力を発揮した。国産では「駒橋」が佐世保工廠で建造され、やや小型ではあるが完成当初から潜水母艦として活躍した。

大正中期以降、ますます大型化する潜水艦に対応するため、さらに大型で補給能力の高い潜水母艦が求められるようになった。もはや商船や汽船を改造する母艦では、能力に限界があったのである。そこで専門の潜水母艦として誕生したのが「迅鯨」「長鯨」である。排水量は五〇〇〇トンであるが、軽巡クラスの攻撃力や艦隊に随伴できる速度や航続力を持ち、通信設備も兼ね備えていた。

しかし、さらに大型化かつ隻数が増加する潜水艦には「迅鯨」「長鯨」だけでは能力不足と判断され、両艦の代艦として計画されたのが排水量一万トンの「大鯨」、九〇〇〇トンの「剣崎」「高崎」である。しかもこの三艦は緊急時に空母に改造可能で、その艦容は独特であった。また、さらなる特長としてはディーゼル機関を搭載した。しかし実験要素が大きく、後に機関の不調には悩まされることになる。

それでも太平洋の風雲急を受け、三艦はつぎつぎと空母に改造されることとなり、昭和十五年十二月に「高崎」は「瑞鳳」に、昭和十六年十二月には「剣崎」が「祥鳳」に、昭和十七年十一月に「大鯨」は「龍鳳」にそれぞれ改造され、潜水母艦としてあまり貢献することなく終わっている。

潜水母艦以外に明治期には、潜水母艇として活躍した船舶があり、捕獲した船では「歴山」「椅子山」、他から種別変更されものでは「長浦」「厳島」「秋津洲」「千代田」「見島」「宇治」があり、新造艦として「硯海《けんかい》」があった。

94　特設潜水母艦

　昭和十三年以降、国家総動員法が施工され民間商船の多くが海軍の艦船として活躍した。とくに外航客船は大型で航洋には申し分なく、商船ゆえに居住性も良かった。それは巡洋艦、水上機母艦、潜水母艦で活躍が目立ち、特設病院船、特設巡洋艦、特設水上機母艦、特設潜水母艦等として活躍した。

　特設潜水母艦は、潜水艦への補給と乗員の休息をさせる意味で大変重要な存在であった。ほぼ一個潜水戦隊に一隻の特設潜水母艦が配備され、作戦によっては旗艦機能を有した。

　戦時中、特設潜水母艦は「靖国丸」「名古屋丸」「さんとす丸（満珠丸）」「りおでじゃねろ丸」「平安丸」「日枝丸」「筑紫丸」の七隻である。ただし「名古屋丸」が潜水母艦に徴用された直後に航空機運搬船に変更されたため、実質は六隻が運用された。

　とくに日本郵船の「靖国丸」「平安丸」「日枝丸」は排水量が一万一〇〇〇トン、速力一八ノット、北米航路に使われていた優秀船であった。「りおでじゃねろ丸」と「さんとす丸」は大阪商船の船で南米航路に使用されていた移民船である。「さんとす丸」は海軍籍に入ってから「満珠丸」と改名されているが理由は不明である。最後の「筑紫丸」のみは建造中に徴用され、昭和十八年三月に竣工した大連航路の客船で、編入後は終戦まで内海で旗艦母艦任務に従事した。昭和二十年に入り運送船に変更された。

七隻の特設潜水母艦は「靖国丸」が第一潜水戦隊（後に第三潜水戦隊）、「さんとす丸」が第二潜水戦隊（後に第十一潜水戦隊）、「名古屋丸」が第四潜水戦隊、「りおでじゃねろ丸」が第五潜水戦隊。「平安丸」は第一潜水戦隊、「日枝丸」が第八潜水戦隊、「筑紫丸」が第十一潜水戦隊に配備された。このうち特設潜水母艦として「靖国丸」「平安丸」が戦没し、その他四隻は運送船、航空機運搬船に種別変更された後、戦没している。特設潜水母艦としては唯一の残存艦となったのが「筑紫丸」で、戦後パキスタンへ売却され、船火事を起こして生涯を終えている。

95　試作水中高速潜水艦七一号艦

㊂計画の一艦として昭和十二年度計画で建造された試作艦で、日本海軍最初の水中高速潜水艦である。仮称七一号艦と称され、島嶼防衛用として小型潜水艦の用途と艦隊への襲撃や爆雷回避などの水中高速性能の向上を図られる目的で建造された。

水上排水量は一九五トンと小型で、高速軽量といわれていたダイムラーベンツの六〇〇馬力機関を二基搭載し、水上一八ノット、水中二五ノットの計画だった。試作当時、甲標的の試作も進められており、甲標的の二次電池、電動機、推進器、船型などを参考とした。操舵装置については艦内装備の自動化が各所で図られたおり、当時としては画期的であった。

昭和十三年八月二十一日に呉工廠で竣工、様々な実験を行なったが、結局ダイムラーベンツの機関が輸入できず、国産のディーゼル機関を使用したため水上速度が一三・二ノットしか出せず、また充電能力の不足から水中速力も二一・三ノットに留まった。それでも当時として水中速度は世界最高クラスだった。

ただし水上航走でのローリングが大きいなど凌波性、耐波性に弱く、あわせて技術的課題が多かったため、開発を進めることなく昭和十六年夏に艦籍には入れられずに解体された。

しかし、その後の水中高速艦建造技術の発展上、重用な指針の試験艦開発となった。おしむらくは水中速度の高速化の研究が実験艦として継続できなかったことで、七一号艦の水中性能は良好だった。大型の潜水艦では技術的課題が多かったと思われるが、中型の呂号潜水艦クラスで水中高速化が実用化されれば、中型小型潜水艦三六隻中三五隻戦没という悲劇を避けられたかもしれない。

試作水中高速潜水艦七一号　昭和十三年八月二十一日竣工、呉工廠。昭和十六年、解体。

96　潜高型

潜高型は昭和十九年度戦時建造計画、㊙計画で建造された水中高速潜水艦である。米海軍の対潜能力の向上、対潜兵器の発達により、レーダーやソナーで探知された場合に攻撃をまぬかれることは極めて困難な状況から、潜水艦の性能を水中速度重視にあらためた新型艦である。水中抵抗減少を目的とした船形や機銃などが収納できる方式（隠顕式）を採用したのが画期的である。

建造は、八隻起工された。すべて呉工廠で建造され、一番艦伊二〇一潜は昭和二十年二月二日に竣工した。続く同型艦で竣工したのは二隻のみで同年二月、五月にそれぞれ完成したが、技術的課題が多く実用化には多くの問題があった。具体的には水上航走時の姿勢制御困難、水中転舵時の傾斜、推進器の雑音、急速潜航速度が二分近くかかるなど致命的な問題が続いた。直ちに様々な改良が加えられ一応の完成を見たが、実戦投入の目途が立った時点で終戦を迎えた。

結局肝心の水中速度は当初二五ノットを計画していたが、減速装置の騒音回避で電動機と推進器を直結したため、一九ノットに低下し、さらに電池の不具合で一七ノットになった。

従来の潜水艦と比較すれば確かに速度は増加したが、水中高速化への実現は未達のまま終戦となった。

伊号第二〇一潜水艦　昭和二十年二月二日竣工、呉工廠。終戦時残存。昭和二十一年一月、米国回航、海没処分。

伊号第二〇二潜水艦　昭和二十年二月十二日竣工、呉工廠。終戦時残存。昭和二十一年四月五日、向後崎沖で海没処分。

伊号第二〇三潜水艦　昭和二十年五月二十九日竣工、呉工廠。終戦時残存。昭和二十一年一月、米国回航、海没処分。

伊二〇四〜二〇八潜は未成。

97　潜高小型

潜高小型は、本土決戦用の小型水中高速潜水艦である。当初離島防衛にも期待された甲標的丙型「蛟龍」の航続力が少ないことから、航続力と水中性能の向上を図った。最大の特長は水中速力で、船体や艦橋は流線化設計され、艤装など極力水中抵抗を軽減することにより、一三・九ノットを記録した。

一番艦は昭和二十年五月に完成し、徹底した艤装の簡素化が図られブロック建造方式を取り入れ、すべて溶接構造とした。水中運動性能も優れており、急速潜航速度も一五秒以内と優秀であった。兵装は艦首に発射管二門、搭載魚雷数は四本で作戦行動可能日数は一五日とされた。

終戦までのわずかな期間に一〇隻が竣工したが、本土決戦に備えて訓練に従事していたため、実戦への参加はない。計画では七九隻が建造予定で、四二隻が起工され三二隻が建造中であった。本艦の計画をもっと早期に実施できていたならば、戦争末期の島嶼防衛に有効な戦力となったと思われる。

波号第二〇一潜水艦　昭和二十年五月三十一日竣工、佐世保工廠。昭和二十一年四月一日、五島沖で海没処分。

波号第二〇二潜水艦　昭和二十年五月三十一日竣工、佐世保工廠。昭和二十一年四月一日、五島沖で海没処分。

波号第二〇三潜水艦　昭和二十年六月二十六日竣工、佐世保工廠。昭和二十一年四月一日、五島沖で海没処分。

波号第二〇四潜水艦　昭和二十年六月二十五日竣工、佐世保工廠。昭和二十年十月、油津湾で座礁、解体。

波号第二〇五潜水艦　昭和二十年七月三日竣工、佐世保工廠。昭和二十一年五月、伊予灘で海没処分。

波号第二〇七潜水艦　昭和二十年八月十四日竣工、佐世保工廠。昭和二十一年四月五日、佐世保湾外で海没処分。

波号第二〇八潜水艦　昭和二十年八月四日竣工、佐世保工廠。昭和二十一年四月一日、五島沖で海没処分。

波号第二〇九潜水艦　昭和二十年八月四日竣工、佐世保工廠。昭和二十一年八月、三菱下関造船所で解体。

波号第二一〇潜水艦　昭和二十年八月十一日竣工、佐世保工廠。昭和二十一年四月五日、佐世保湾外で海没処分。

波号第二一六潜水艦　昭和二十年八月十六日竣工、佐世保工廠。昭和二十一年四月五日、佐世保湾外で海没処分。

波二〇六潜、波二一一〜二一五潜、波二一七〜二四七潜は未成。

98　九六式小型水上偵察機

潜水空母と称された伊四〇〇型潜水艦に搭載された「晴嵐」運用に至るまでには、日本海軍の潜水艦は長年にわたり航空機の実戦運用を重ねてきた歴史があった。大正末年、イギリスにおいて潜水艦の航空機運用が盛んに行なわれていたことから、わが国も大正十二年、ドイツよりハインケルU1という飛行機を二機購入した。

ところが図面作製用に分解したら、組み立てができず廃棄処分になるという信じ難い事態となり、別途イタリア製の機種も検討したが、性能が劣るなどから国産に踏み切ることになった。

横須賀工廠で開発にあたり大正十五年に試作機が完成、横式一号水上偵察機と命名され、伊二一潜で発着艦実験が開始された。実験結果は一定の成果を得られたが、当初、潜水艦への格納筒は一個の予定が二個に分割されることとなり、設計段階からのやり直しを迫られた。その結果、昭和三年にあらたに横式二号水上偵察機が試作され、後に昭和七年、九一式水上偵察機として採用されるに至り伊五潜に搭載された。

しかし九一式小型水偵は、単座機であることから長駆の偵察は困難で、あらためて複座式の水偵に着手した。昭和九年に九州の渡辺鉄工所に対し、九試潜水艦搭載偵察機の試作指示を行なった。これが後の渡辺九六式小型水上偵察機である。巡航速度八〇ノット、最大速度一二五ノット、航続時間約四・五時間という性能で第一号機は昭和九年に完成。木金混製布張複座の複葉機であった。実用試験は伊五潜にて行なわれ、各種実験は順調で早くも昭和十一年、制式採用となった。

生産機数は三五機で、後継機である零式小型水上偵察機の開発が早期に進んだこともあり、活躍期間は短かった。太平洋戦争初期には少なくても一四機が実線部隊に配備されていた。開戦時は伊七潜から真珠湾攻撃戦果確認で使用され成功を収めるなど活躍し、その他、主に南シナ海での沿岸封鎖などに使用されていたが、昭和十七年中に順次、零式小型水偵に交代され、第一線を退いた。

99　零式小型水上偵察機

九六式小型水上偵察機を潜水艦に搭載し、作戦運用することに自信を得た日本海軍は、次なる航空機の開発を急いだ。なぜなら九六水偵は、格納筒から引き出し組み立て発進まで時間を要したためで、一〇分以内に発進できる機体の開発が望まれた。そこで航空技術廠が目標としたのは、新たに建造された甲型、乙型の格納筒に収まりつつ、組み立て発進まで一〇分以内というこれまでにない性能を求められた。小型・軽量化を追求しすぎるあまり、飛行性能に支障が出ては本末転倒である。

しかしすでに搭載する潜水艦の建造は進んでいる。重量オーバーは射出機をパワーアップすることで解決し、何とか試作機は昭和十三年に完成した。飛行実験で改修要件が増え、やっとの思いで昭和十五年一月に制式採用となったのが、零式小型水上偵察機である。

生産は九六水偵と同じ渡辺(九州飛行機)が行ない、昭和十八年までに一二六機が作られた。最大速度は一三三ノット、巡航速度八五ノットと九六水偵とはさほど大きな違いはなかったが、航続距離が伸びたのと、三〇キロ爆弾を搭載することができた。また九六水偵は複葉機であったが、零式小型水偵は単葉で、念願の組み立て手順も短縮されており、実戦においてパイロットの記憶では六分で組み立て、発進した記憶があるという。

太平洋戦争では、昭和十七年から実戦配備が開始され、甲型、乙型に搭載されて最前線での航空偵察に活躍した。とくに、昭和十七年九月に米本土空襲を二度にわたり成功させたことは良く知られている。

その他にも甲標的の特別攻撃隊事前偵察や、遣独潜水艦に搭載し機体をドイツに譲渡するなど、アリューシャン作戦からアフリカ沿岸、オーストラリア、ニュージーランドなど極めて広範囲で活躍を続けた。しかし、戦局の悪化は敵の制空圏下で浮上し、水上機を偵察任務で使用することは困難となり、昭和十九年四月を最後に潜水艦による航空偵察は実施できなくなった。潜水艦から航空機を操るパイロットの技量は極めて高いため、多くの水偵パイロットは戦闘機に転科をしている。

100　晴嵐

長大な航続力によりアメリカ東海岸やパナマ運河爆撃を目的として計画された伊四〇〇型であるが、もうひとつの主役が搭載機「晴嵐」である。日本海軍は、他国が断念した潜水艦での航空機運用を太平洋戦争開戦時には、実戦に使用できるレベルまで実用化させていた。しかしこれまでの潜水艦搭載用の航空機は、あくまで偵察用であり小型軽量で、爆装は考えられてこなかった小型水上偵察機であった。

山本五十六連合艦隊司令長官の着想とされる、伊四〇〇型に搭載する航空機は、主要都市や施設を破壊することが目的のため、爆弾や魚雷を搭載することが必須とされた、これまでにない水上攻撃機を開発することとなった。当然のことながら、水上攻撃機の実用化なくしては伊四〇〇型の作戦は成立しない。

そこで白羽の矢が立てられたのは、急降下爆撃機や水上偵察機を開発した実績のある愛知航空機であった。時期としては伊四〇〇型の構想を山本長官が、信頼する幕僚に検討を命じたとされる昭和十六年（一九四一年）十二月頃といわれている。

これを受け、愛知航空機の尾崎紀男技師が早速搭載するエンジンの選定に動き出している。

愛知航空機は、愛知時計電機の航空機部門が独立した会社で、まだ当時無名だったドイツのハインケル社と提携し、着実に実績のある航空機を海軍に納めてきていた。九九式艦上爆撃機、零式水上偵察機は後々まで名機と賞賛された。尾崎技師はその九九艦爆の設計者であり、海軍航空本部から正式な開発命令を受けた昭和十七年五月、社内呼称AM24として設計・試作に入った。

当時、愛知航空機では液冷エンジンを搭載した「彗星」の生産が始まっていた。社内では限られた納期に応えるべく、この「彗星」をベースに設計が進められたと考えられる。「彗星」のエンジンは、もとはドイツからライセンス購入したダイムラーベンツ社製のDB601A型液冷エンジンで、愛知航空機はこのエンジンをベースに自社開発に成功した熱田型を第一の候補として開発を急いだ。詳しくは「彗星」用が熱田三二型、「晴嵐」用が熱田三一型である。両者にほとんど差異はなく、基本構造はまったく同一であった。

「晴嵐」開発において最も重要かつ困難とされたのは、いかに潜水艦に収納できるかコンパクトにまとめることができるかにあった。機体設計において様々な工夫がなされるに至るが、機体は困難といえども主翼は折りたたむことが可能である。ただエンジンだけは元の大きさを変えることはできない。よって空冷に比較し比較的スリムである空気抵抗も減ぜられる液冷エンジンが選択されたといえる。

しかし、同様のエンジンを採用した「彗星」、陸軍の「飛燕」の技術的苦戦を見れば、潜水艦という限られた整備能力の中、実際に実戦でどこまでトラブルなく運用できたかは疑問が残る。

機体は全金属製であるが、一番の問題はどうやって格納筒の内径三・五メートル内に収納できるかであった。とくに主翼と尾翼が問題で短時間に壊れにくく折りたたみ、さらに展張させることが課題となった。主翼は、途中から折り曲げるだけでは到底収納できないことから、設計の悩みの種となったが、主翼付け根部分を軸としてまず前下方に九〇度回転させ、それからさらに後方に折ることによって収納を現実のものとさせた。

これは高橋清美技師が偶然自分の子供の玩具の動きをヒントに生み出したものとされる。伸長には一分以内、折りたたみには六分以内が可能と許容の範囲に達していた。水平尾翼に関しては先端を折り曲げることにより解決を見ることができ、これにより伊四〇〇型の格納筒に収納できる目途が立った。

しかし、設計者の思いもかけぬ新たな課題が生まれた。それは伊四〇〇型の建造隻数減少にともなうものだった。「晴嵐」搭載の増備計画である当初格納筒に二機収容する計画ですべて設計が進められてきたが、三機収容する要求が突如、下されたのである。問題は後述するフロートの収納場所と、格納筒のスペースの問題であった。とくにプロペラ先端のスピナーが問題で、苦肉の策として一番機のスピナー部分は格納筒の扉の内側にスペースの確保できる空間を設け、一番機と二番機の方向舵を左に一杯に傾け、スピナーの突出との干渉を避けるように工夫を施した。まさにギリギリのスペースである。

フロートは着脱式を装備する要求がなされた。当初はフロートなしとの構想もあったが、フロートを装着して爆弾を搭載し、反復攻撃が重要とし判断され、フロートの装着が検討された。ただし、操縦席からの操作でフロートの投棄はできなかった。一番機と二番機のフロートは格納筒から引き出された際、カタパルトの両側下部に収納されており、油圧で上昇された状態のフロートを人力で、支柱一本あたり前後左右四カ所のロックで簡単に取り付け、分解が可能であった。しかし、三番機のフロートまでは収納困難で、格納筒内に収納されていた。

もうひとつ「晴嵐」独自の装備として、ジャイロコンパスの装備がある。ジャイロコンパスはコマの仕組みを利用したもので、回転しているコマを傾けても元の位置にもどる習性を利用したもので、高速で回転しているコンパスはどこに位置しても、ある一定の方向を常に指標する能力を持っており、磁気の影響を受けない優れたものだった。しかし当時としては高価であり、水上機はおろか陸上機でも装備されておらず、特殊潜航艇などの特殊兵器に使われていた。ただし故障が多く、ジャイロが動かなくなることが少なくない。

兵装は魚雷もしくは爆弾を装備することが可能となるよう設計され、照準器も雷撃用と射爆照準器両方が取り付けられた。射出・発艦の手順としては、少しでも発進時間を短縮するため、格納筒内で暖機運転と同様の効果があるエンジンオイルの温暖化が可能となり、浮上すると格納筒のドアが開かれ、油圧によって航空機本体がカタパルト上に引き出される。

格納筒扉は開く際に、カタパルトが干渉してしまうが、開閉時には一部カタパルトが下がることによって可能となる。扉が開いたら、カタパルト上で主翼・尾翼を展張させ、フロートを装着する。魚雷や爆弾は攻撃目的にあわせてあらかじめ装着され、発艦の命令が出るのを待つことになる。

昭和十八年一月には、第一回木型審査をへて本格的な機体設計に入った。さらに詳細設計に入り、八月には第一回構造審査、九月には呉工廠において木型による格納実験を実施、とくに大きな問題はなしと判定された。併行して製作されてきた試作一号機は十月に完成。十一月に入り完成審査が実施され、二十一日は地上においてエンジン発動に伴う振動試験が行なわれ、やはりとくに目立った不具合は見つかることはなかった。そしていよいよ十二月に愛知航空機による初飛行が実施され、十二月八日は海軍側のパイロットによる官領収飛行が実施された。

ここで問題が見つかった。じつは当初大きな問題がないと判断された垂直尾翼の面積にあり、機体の安定性が損なわれていたのである。

ただしこれを解決するため、尾翼面積を大きくすれば潜水艦への搭載は困難となる。主翼に比べて折りたためば収容できる部分に意外に問題があることが発覚したが、簡単に折りたたみの構造の設計変更は困難である。また同時に主翼接部にもトラブルが発生したこともあり、試作機四機を使っての一年あまり修正作業が続くこととなる。

「晴嵐」の実用化に向けて開発が進むなか、十一月二十五日に一機、二十七日に一機が横空水上機班において、実験に近い訓練が開始された。後の分隊長浅村敦大尉が語るには、操縦性能は良好、ただし液冷式のため前方の視界が良くなかったと語っている。

昭和十九年十二月十五日、第一潜水隊の潜水艦に搭載される予定の水上攻撃機の航空隊、第六三一海軍航空隊が開隊した。初代司令は有泉龍之介大佐である。飛行長は福永正義少佐、第一分隊長が浅村大尉である。

しかしこの後「晴嵐」の増備がなかなか進まない。原因は天災と空襲だった。不幸にして昭和十九年十二月七日に東南海地震、翌年の昭和二十年一月十三日には三河地震と、立て続けに起きた地震は空襲で疲弊する工場にさらなる深刻なダメージを与えた。

結局、昭和二十年二月で「晴嵐」の保有機数はわずか六機にとどまった。この機数では第一潜水隊の伊四〇〇型二隻だけで終わってしまう。甲型改二の伊一三型への四機には充足できていなかった。

五月二十日、ついに六三一空から第一潜水隊各艦への搭乗員割が発表になった。浅村大尉は伊四〇一潜の飛行長を命ぜられた。他に伊四〇〇潜と伊四〇一潜に一機ずつ。伊一三潜と伊一四潜にはそれぞれに二機ずつ編制が整った。そして待望の潜水艦と航空機の共同訓練が開始されたのである。

これだけの未曾有な潜水艦と特殊な潜水艦搭載航空機をほとんどゼロからのわずかな着想から三年半で成し遂げたという点について、あらためて関係者の驚異的な努力があったのだと思う。しかし搭載を果たしただけで満足はしていられない。一分でも早く、正確に「晴嵐」を組み立て、発艦する必要がある。それでなくても二機搭載で計画・設計されていたものが三機搭載となったために無理が生じている。

当初、一番機と二番機が発艦するのに約四分から五分。しかし三番機発艦には約一五分を要していた。これでは敵の威力圏下での航空機発進は危険である。整備員はその他潜水艦乗員とともに文字どおり血のにじむような訓練を続け、三機連続一〇分以内の発艦を可能とした。

当時、伊四〇〇潜の艦橋前部機銃員の配置だった高塚一雄氏によれば、浮上すると「飛行機射出発艦、砲戦機銃戦用意」の号令で各乗員は脱兎のごとくハッチから艦外に飛び出し、まだ海水掃けぬ甲板を駆け、それぞれの配置についた。そしてつぎつぎと「晴嵐」が物凄い爆音とともに、発艦、それを見届ける暇はなく「潜航急げ」で再び、五〇名近くの乗員がわずか一分以内で艦内に突入、急速潜航を終える。

その鮮やかで勇壮な発艦作業に、よくぞ伊四〇〇潜のような素晴らしい艦に乗れたものだと誇りに思ったという。このような発艦訓練を記憶では四、五回繰り返し、ついにウルシー環礁への出撃の日を迎えるのである。

あとがき

日本海軍の潜水艦について、潜水艦の各型については紹介する書籍・雑誌は多いが意外なことに潜水艦戦史については資料が少ない。本書は、潜水艦戦史に関する逸話や史実をできるだけコンパクトにまとめ、途中からでも読めるように百の物語形式とした。

内容については筆者が二〇年にわたり日本海軍潜水艦出身者交友会「伊呂波会」に部外者でありながら参加を許され、特に後半一〇年にわたって事務局を務めたことにより、様々な体験談や貴重な資料を手にすることができた。

毎月第三金曜日に銀座で昼の二時間、中華料理を食べながらの和気あいあいとした戦友会であった。出席者の多くが潜水艦実戦経験者であり、和やかな会話のなかにも壮絶な体験談を聞くことが多かった。

残念ながら、ここ数年の間に急速に参加者は減り、今は定例会を開催していない。当時に聞くことができた、最前線での潜水艦に関する戦史エピソードについては本書で随所に盛り込んだ。ご一読いただければ幸いである。

平成三十年十月二十三日　潜水艦殉国者慰霊祭の日

勝目純也

【主要参考文献】防衛庁防衛研究所「戦史叢書　潜水艦史」＊日本海軍潜水艦史刊行会「日本海軍潜水艦史」＊伊呂波会編「伊呂波会　記念誌」＊「世界の艦船増刊　日本潜水艦史」＊全国回天会編「人間魚雷回天」＊特潜会編「特潜会報」＊特潜会編「嗚呼　特殊潜航艇」＊福井静夫「日本潜水艦物語」光人社＊潜水艦教育訓練隊編「海軍潜水学校史」＊海軍水雷学校「潜水艦一般講義案」＊第一潜水隊群司令部「日本海軍潜水艦事故摘録」＊海軍水雷史刊行会「海軍水雷史」＊第二潜水戦隊司令部「昭和七年度第二潜水戦隊水雷術研究の成果」＊海軍潜水学校「昭和十年度潜水艦巡回講話要領」＊坂本金美「日本潜水艦戦史」＊伊八戦史刊行会編「伊号第八潜水艦史」＊伊三六会刊行会編「伊三六潜思い出の記」＊澁谷龍稈「日本海軍戦史　潜水艦作戦」＊吉村昭「深海の使者」文春文庫＊折田善次ほか「潜水艦戦史」潮書房光人社＊板倉光馬ほか「潜水艦作戦」潮書房光人社＊荒木淺吉ほか「伊号潜水艦」潮書房光人社＊橋本以行ほか「潜水艦隊」潮書房光人社＊橋本以行「日米潜水艦戦」光人社NF文庫＊上原光晴「回天に賭けた青春」光人社NF文庫＊橋本以行「伊号五十八帰投せり」＊「写真集　日本の潜水艦」潮書房光人社＊「丸別冊　日本潜水艦の技術と戦歴」＊渡辺博史「潜水艦関係部隊の軍医官の記録」＊渡辺博史「鉄の棺」＊勝目純也「日本海軍の潜水艦」大日本絵画

写真提供／小西憲治・海上自衛隊・雑誌「丸」編集部

NF文庫書き下ろし作品